블루투스 · 와이파이 통신을 이용한

앱인벤터 + 아두이노
스마트폰 앱 프로젝트

우지윤 저

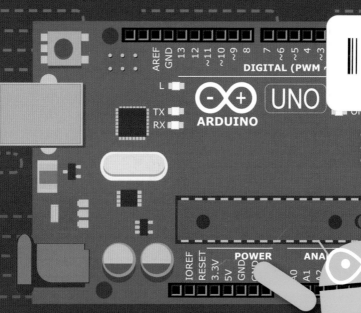

앱인벤터로 스마트폰 앱을 직접 만들고
아두이노와 연동하는 11가지 프로젝트 수록
생활 속 스마트 제품을
아두이노와 앱인벤터를 통해 직접 만들고 싶은 분께 추천!

DIGITAL BOOKS
디지털북스

블루투스 · 와이파이 통신을 이용한
앱인벤터 + 아두이노
스마트폰 앱 프로젝트

| 만든 사람들 |

기획 IT·CG기획부 | **진행** 양종엽 | **집필** 우지윤 | **책임 편집** D.J.I books design studio
표지 디자인 D.J.I books design studio · 김진, 류혜경 | **편집디자인** 디자인숲 · 이기숙

| 책 내용 문의 |

도서 내용에 대해 궁금한 사항이 있으시면
저자의 홈페이지나 디지털북스 홈페이지의 게시판을 통해서 해결하실 수 있습니다.
디지털북스 홈페이지 digitalbooks.co.kr
디지털북스 페이스북 facebook.com/ithinkbook
디지털북스 인스타그램 instagram.com/dji_books_design_studio
디지털북스 유튜브 유튜브에서 [디지털북스] 검색
디지털북스 이메일 djibooks@naver.com
저자 이메일 wootekken@naver.com
저자 블로그 blog.naver.com/wootekken

| 각종 문의 |

영업관련 dji_digitalbooks@naver.com
기획관련 djibooks@naver.com
전화번호 (02) 447-3157~8

블루투스 · 와이파이 통신을 이용한

앱인벤터 + 아두이노

스마트폰 앱 프로젝트

머리말

아두이노는 오픈 소스를 기반으로 한 단일 보드 마이크로컨트롤러로, 보드(board)와 개발 도구 및 환경(IDE)을 모두 총칭한 말입니다. 2005년 이탈리아의 IDII(Interaction Design InstituteIvera)에서 하드웨어에 익숙지 않은 학생들이 자신들의 디자인 작품을 손쉽게 제어할 수 있게 하려고 고안한 것이 바로 아두이노 입니다. 아두이노로 다수의 스위치나 센서로부터 값을 받아들여 LED나 모터와 같은 외부 전자 장치들을 제어함으로써 우리의 일상 환경과 상호작용이 가능한 물건을 만들어낼 수 있습니다.

아두이노의 가장 큰 장점은 마이크로컨트롤러를 쉽게 작동시킬 수 있다는 것입니다. 일반적으로 아두이노에 붙어 있는 AVR이라는 칩은 AVRStudio와 WinAVR(avr-gcc)의 결합으로 코드를 컴파일하거나 IAR E.W.나 코드비전(CodeVision)등으로 개발하여, 별도의 ISP 장치를 통해 코드를 업로드 해야 하는 번거로운 과정을 거쳐야 합니다. 이에 비해 아두이노의 새로운 개발 환경에서는 컴파일된 펌웨어를 USB를 통해 쉽게 업로드할 수 있습니다. 아두이노는 다른 모듈에 비해 비교적 저렴하고, 윈도우를 비롯해 맥 OS X, 리눅스와 같은 여러 OS를 모두 지원합니다. 또한 아두이노 보드의 회로도가 CCL에 따라 공개되어 있으므로, 누구나 직접 보드를 만들고 수정할 수 있습니다.

아두이노가 인기를 끌면서 이를 비즈니스에 활용하는 기업들도 늘어나고 있습니다. 장난감 회사 레고는 자사의 로봇 장난감과 아두이노를 활용한 학생과 성인 대상 로봇 교육 프로그램을 북미 지역에서 운영하고 있습니다. 최근에는 코딩 교육 열풍에 힘입어 스크래치와 아두이노를 융합한 교구와 프로젝트들이 많이 나오고 있습니다.

이렇게 많은 곳에서 사랑받아 온 아두이노를 더욱 다양한 방법으로 현실에 맞게 활용하고자 하는 꿈은 아직도 진행 중입니다. 인터넷에 검색을 해보면 단순 제어 이상으로 다양한 기능을 가진 수많은 아두이노 작품들을 볼 수 있습니다. 아두이노에 무선 통신을 접목한다든지, 인터넷에 연결하여 IoT(사물인터넷) 프로젝트를 하는 작품도 눈에 많이 띕니다. 일반 성인이나 학생들을 위한 아두이노 관련 교육행사도 많이 열리는 것 같습니다. 그 중에서 아두이노와 스마트폰을 무선으로 연동한 내용들이 간혹 소개되고 있습니다.

인터넷이나 코딩 교육으로 아두이노와 스마트폰의 무선 통신을 접해본 사람들이라면 아마 무선 제어를 더 해보고 싶거나 아쉬웠던 부분이 있었을 겁니다. 또는 아두이노를 처음 입문한 사람으로서 아두이노와 스마트폰 간의 무선 통신을 이용한 프로젝트를 해보고 싶은 분이 있을 것입니다. 그런 분들을 위해 이 책은 아두이노와 모바일 기기(안드로이드)의 블루투스 무선 연동을 기초부터 심화까지 모아 놓았습니다. 심지어 모바일 기기의 앱도 본인이 스스로 만들어보는 내용으로 채워져 있습니다. 어려운 자바 안드로이드가 아닌 앱인벤터라는 쉬운 프로그램으로 30분 안에 앱을 만들어볼 수가 있습니다.

이 책을 통해서 아두이노에 관심이 있으시거나 조금이라도 다뤄 보신 분들이 안드로이드 모바일 기기와 아두이노를 연동한 본인만의 프로젝트를 쉽게 달성할 수 있기를 바랍니다.

마지막으로, 책을 쓰는 과정에서 여러 가지 도움을 준 P양, 그리고 저자를 잘 이끌어준 디지털북스의 양종엽 부장님과 기획편집팀의 김혜인 님께 감사하다는 말씀을 전합니다.

그리고 가장 사랑하는 나의 누나와 부모님께 이 책을 바칩니다.

저자 우 지 윤

차 례 ●───

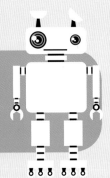

Chapter 01
아두이노와 앱인벤터 준비하기

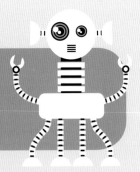

Chapter 02
블루투스 통신을 이용한
아두이노와 앱인벤터 기초 실습

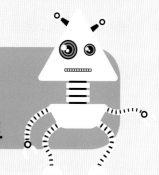

Chapter 03
블루투스 통신을 이용한
아두이노와 앱인벤터 연동 심화 프로젝트

Chapter 04
WiFi 통신을 이용한
아두이노와 앱인벤터 프로젝트

CHAPTER 01

아두이노와 앱인벤터 준비하기

시중에는 아두이노 참고서가 많이 있습니다. 대형서점에 가면 10권 이상의 아두이노 관련 책이 있고, 인터넷에서 검색하면 더 많은 아두이노 책과 정보들이 검색됩니다.

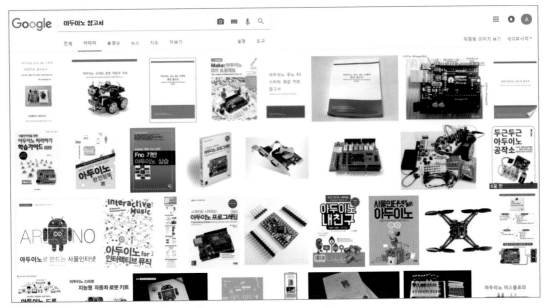

▶▶ 여러 가지 아두이노 참고서

이렇게 시중에 나와 있는 아두이노 책을 보거나 인터넷에 있는 정보를 이용해서 아두이노를 경험해 본 분이 많을 것 같습니다. 여러분들은 아두이노를 왜 찾아보고 공부하시나요? 학생이라면 공부가 목적일 수도 있고, 성인이라면 취미나 직업상의 이유로 아두이노를 하고 계실 수 있습니다. 필자는 어떤 이유에서건 이왕 아두이노를 배운다면 아두이노를 이용해서 생활에 필요한 것을 만드는 데까지 이어질 수 있으면 좋겠다는 생각을 했습니다. 그 중에서 가장 좋은 방법이 아두이노와 스마트폰을 연동하여 어떤 작품들을 만들어보는 것입니다. 스마트폰을 이용해서 아두이노를 제어하고 작품을 만들어보면 더 재밌고 의미 있는 경험을 할 수 있습니다. 단순한 LED 점멸 제어도 스마트폰을 연동해서 제어하면 멋진 스마트 무드등을 만들어볼 수 있습니다. 아두이노 RC 카를 스마트폰 가속도 센서로 작동시키면 더 의미 있는 프로젝트가 될 수 있습니다.

이제 우리는 아두이노와 스마트폰을 연동하는 작업을 기초적인 것부터 시작해볼 텐데요, 그 이전에 아두이노와 앱인벤터에 대해서 한번 알아보도록 합시다.

아두이노란?

아두이노는 하드웨어와 소프트웨어를 기반으로 한 오픈 소스 전자 플랫폼입니다. 아두이노 소프트웨어를 이용해서 아두이노로 명령어를 보내면, 아두이노는 센서나 버튼 등을 통해 입력된 명령을 모터를 돌리거나 LED를 켜는 방식으로 출력합니다. 이런 입력과 출력을 다양하게 조합하면 아두이노로도 얼마든지 의미 있는 작품을 만들어볼 수 있습니다.

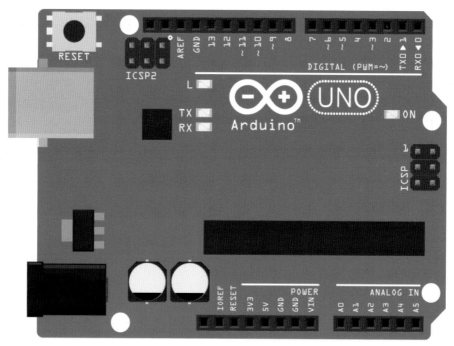

▶▶ [그림 1.1] 아두이노 보드

아두이노는 전 세계적으로 사용되는 플랫폼입니다. 때문에 인터넷에서 아두이노 프로젝트를 검색해보시면 아래 그림과 같이 많은 작품들을 볼 수 있습니다. 이 작품들의 사진을 클릭해서 링크로 들어가 보시면 그 작품을 어떤 부품으로 어떻게 만드는지 상세히 나와 있는 경우가 많습니다. 아두이노에 관심이 있으시다면, 책만 보시지 마시고 다른 사람들은 어떻게 아두이노를 사용하고 있는지 인터넷으로 찾아보시는 것도 본인의 아두이노 프로젝트에 도움이 많이 될 겁니다.

▶▶ [그림 1.2] 아두이노 프로젝트 검색 결과

앱인벤터란?

앱인벤터는 스마트폰이나 태블릿 같은 안드로이드 모바일 기기에 사용되는 앱을 쉽고 빠르게 만들 수 있는 비주얼 프로그래밍 환경입니다. 앱인벤터를 이용하면 30분 이내에 간단한 앱을 만들 수 있고, 원한다면 게임이나 다이어리와 같은 복잡한 앱도 만들 수 있습니다.

우리는 앱인벤터의 기초 사용법을 익힌 뒤, 아두이노와 앱의 블루투스 연동을 바탕으로 한 여러 가지 앱을 만들어 볼 것입니다. 더 다양한 앱인벤터 사용법을 익히고 싶으시면 앱인벤터 공식 홈페이지에서 무료 튜토리얼을 보면서 배울 수 있습니다. 앱인벤터 공식 홈페이지 주소는 http://appinventor.mit.edu/explore이고, 인터넷 검색창에서 "앱인벤터", "app inventor"를 검색하셔서 상단의 주소링크를 클릭해 들어가셔도 됩니다.

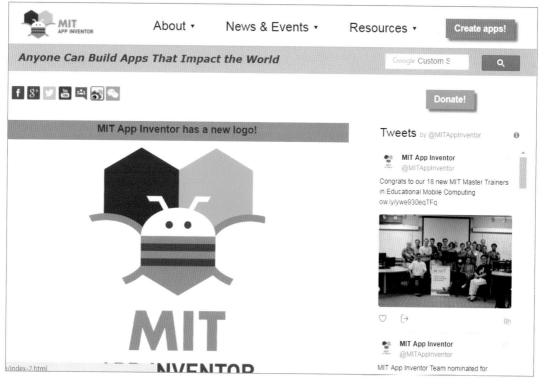

▶▶ [그림 2.1] 앱인벤터 홈페이지

앱인벤터 홈페이지 하단에 보면 그림 2.2와 같이 "Get Started", "Tutorials"가 있습니다. 모두 무료로 이용 가능하니 앱인벤터를 처음 접하는 분은 꼭 한번씩은 보시길 바랍니다.

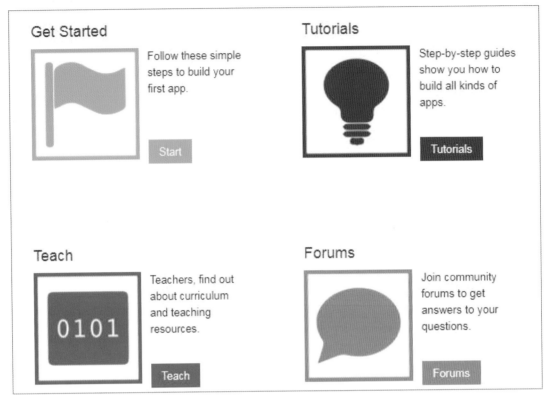

>> [그림 2.2] 앱인벤터 튜토리얼

아두이노와 앱인벤터로 할 수 있는 것들

아두이노와 모바일 앱을 연동하여 만들 수 있는 작품은 무궁무진합니다. 이중 LED를 이용하여 작품을 만드는 것이 가장 쉬우므로, 처음에는 LED를 이용한 작품으로 많은 사람들이 시작하고 있습니다. 인터넷에서 "arduino android led project"를 검색하면 아래와 같이 아두이노와 모바일 앱을 이용한 LED 불 켜기, 컬러 LED 색깔 제어하기 등의 여러 가지 작품 사진을 볼 수 있습니다.

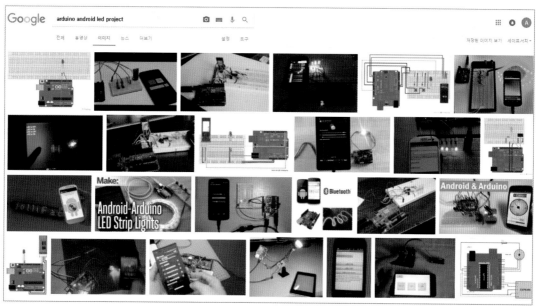

▶▶ [그림 3.1] 아두이노 모바일 앱 LED 프로젝트 검색 사진

인터넷에서 "arduino android robot project"를 검색해 보면 좀 더 심화된 작품 사진이 나옵니다. 아래 사진에는 모바일 앱을 이용한 아두이노 자동차 로봇 조종, 스마트폰의 가속도 센서를 이용한 아두이노 로봇 팔 제어 등이 나와 있습니다.

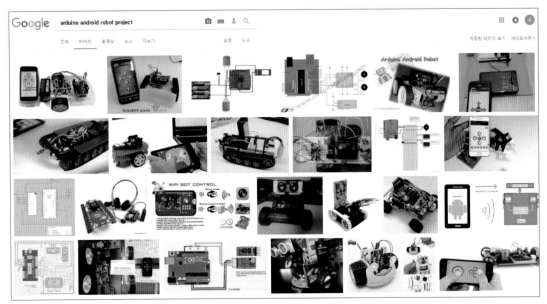

▶▶ [그림 3.2] 아두이노 모바일 앱 로봇 프로젝트 검색 사진

소프트웨어 준비하기

아두이노 소프트웨어 준비하기

웹 브라우저를 열어서 아두이노 공식 홈페이지인 arduino.cc로 접속합니다. 이 사이트에서 아두이노를 위한 IDE(통합개발환경)를 다운로드 받기 위해 그림 4.1에서처럼 "SOFTWARE"라는 메뉴를 클릭해서 들어갑니다.

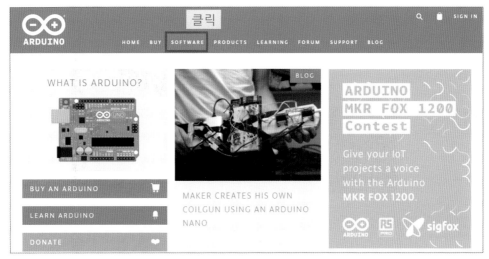

▶▶ [그림 4.1] 아두이노 홈페이지

그림 4.2처럼 아두이노 IDE를 다운 받아서 설치합니다. 각 운영체제별로 맞춰서 다운을 받으시길 바랍니다. 윈도우의 경우에는 Windows Installer를 받아서 설치하시면 됩니다.

▶▶ [그림 4.2] 아두이노 IDE 다운받기

아두이노 IDE를 다운 받아 설치한 뒤 실행했을 때 그림 4.3과 같은 화면이 뜨면 성공적으로 설치하신 겁니다.

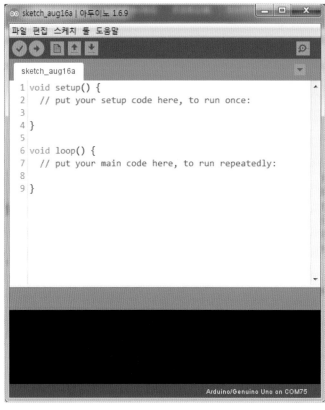

▶▶ [그림 4.3] 아두이노 IDE 설치 후 실행화면

이제 아두이노를 컴퓨터에 USB 케이블로 연결합니다. 여기에서는 아두이노 우노(Uno)로 실습을 진행합니다. 아두이노 보드 POWER LED에 불이 들어오는지 확인하시고, 아두이노 드라이버 프로그램이 자동으로 설치되는지 살펴보세요.

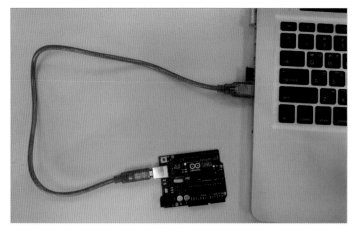

▶▶ [그림 4.4] 아두이노를 컴퓨터에 연결하기

보통 운영체제가 Windows인 경우는 USB 드라이버가 자동으로 설치되지만, 그림 4.5처럼 드라이버 프로그램을 찾을 수 없다는 메세지가 뜰 수도 있습니다. 만약 드라이버 설치가 자동으로 안 된다면 다음의 절차를 따릅니다.

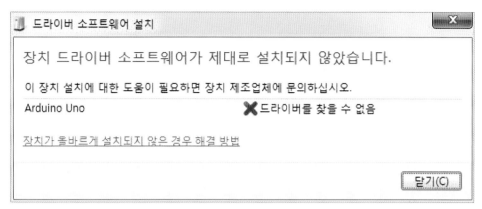

▶▶ [그림 4.5] 드라이버 프로그램 미설치 메세지

장치 관리자를 엽니다. [제어판 ⇒ 하드웨어 및 소리]에 가면 장치 관리자가 있습니다.

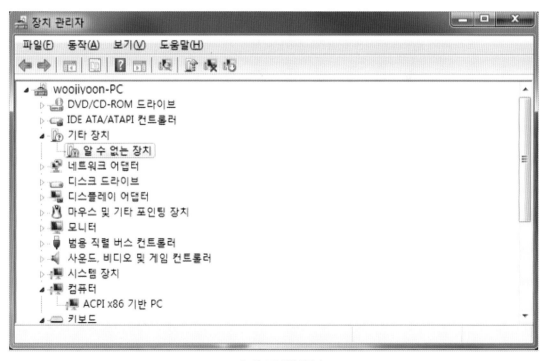

▶▶ [그림 4.6] 장치 관리자

컴퓨터에 연결한 아두이노 USB가 인식이 안 되어서 그림 4.6처럼 "알 수 없는 장치"라는 노란색 마크가 달린 메세지가 있을 겁니다. 그곳에 마우스 오른쪽 클릭을 해서 "드라이버 소프트웨어 업데이트"를 클릭합니다.

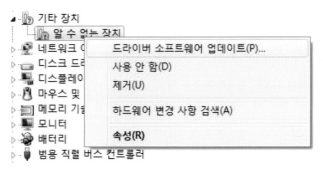

▷▷ [그림 4.7] 드라이버 소프트웨어 업데이트

새로 뜨는 창에서 "컴퓨터에서 드라이버 소프트웨어 찾아보기"를 클릭합니다.

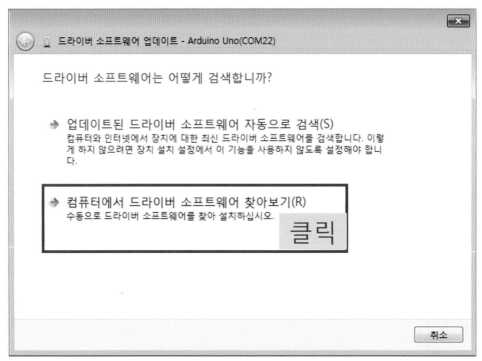

▷▷ [그림 4.8] 컴퓨터에서 드라이버 소프트웨어 찾아보기

아두이노 USB 드라이버 파일의 경로를 정해주기 위해 "찾아보기"를 누릅니다.

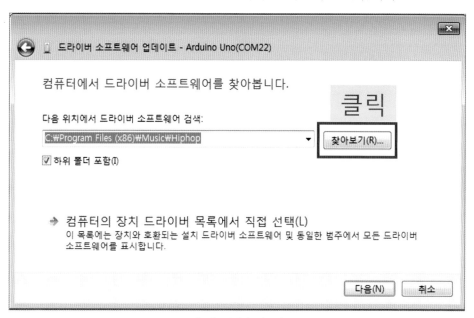

▷▷ [그림 4.9] 찾아보기 클릭

아두이노가 설치된 곳으로 가면 "drivers"라는 폴더가 있습니다.

그림 4.10과 같이 "drivers"폴더를 마우스로 한번 눌러 준 뒤 확인 버튼을 클릭합니다.

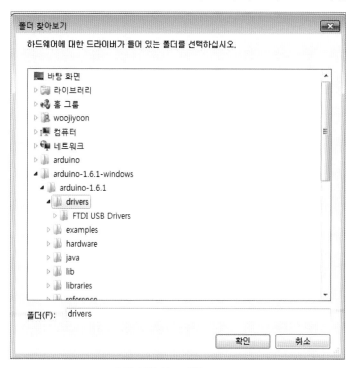

▷▷ [그림 4.10] drivers 폴더

지정된 경로가 그림 4.11처럼 아두이노 폴더 아래에 "/drivers"로 끝나는지 확인합니다. 아두이노 설치 경로와 버전에 따라 "/drivers" 앞부분의 경로는 조금씩 다를 수 있습니다. 그 후 "다음" 버튼을 누릅니다.

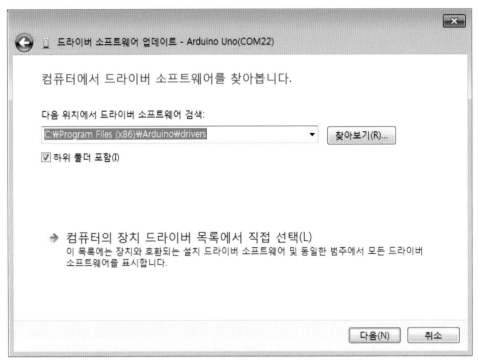

▶▶ [그림 4.11] 드라이버 폴더 경로 확인

"드라이버 소프트웨어를 업데이트했습니다."라는 메세지를 확인하고 "닫기"를 클릭합니다.

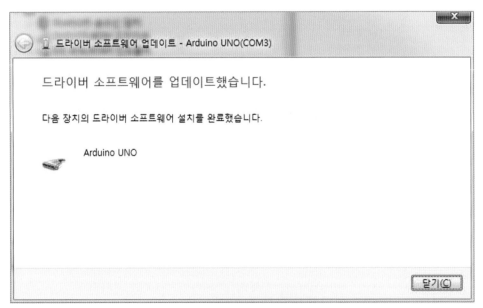

▶▶ [그림 4.12] 드라이버 설치 확인 메세지

장치관리자로 다시 가서 포트 부분을 엽니다. [그림1_25] 처럼 "Arduino Uno(COM22)" 같은 글이 떠야 제대로 설치가 완료된 것입니다. "COMxx" 번호는 사용자마다 다를 수 있습니다.

▶▶ [그림 4.13 COM포트 확인]

아두이노 IDE를 다시 실행합니다. 아두이노가 컴퓨터에 연결된 상태에서, 아두이노 IDE 메뉴 중에 "도구" ⇒ "포트"로 가서 "COMxx(Arduino)"가 떠 있는지 확인합니다.

▶▶ [그림 4.14] 아두이노 IDE 포트 확인

앱인벤터 소프트웨어 준비하기

앱인벤터를 사용하기 위해서는 구글 아이디가 있어야 합니다. 그러므로 구글 회원가입을 꼭 해주세요. 앱인벤터는 클라우드 방식의 웹 브라우저에서 작업을 하는 프로그램이라서 컴퓨터에 따로 설치하실 것이 없습니다. 다만 웹 브라우저는 다음과 같은 것만 사용이 가능합니다.

〈 앱인벤터를 사용하기 위한 웹 브라우저 〉

Mozilla Firefox 3.6 or higher

　　(Note: If you are using Firefox with the NoScript extension, you'll need to turn the extension off.

See the note on the troubleshooting page.)

Apple Safari 5.0 or higher

Google Chrome 4.0 or higher

Microsoft Internet Explorer is not supported

보통 Windows 사용자라면 웹 브라우저로 익스플로러를 많이 사용하실 텐데요. 익스플로러에서는 앱인벤터가 작동하지 않으니 크롬을 설치하시는 걸 권해드립니다. 크롬은 구글에서 검색하면 쉽게 설치하실 수 있습니다.

그리고 앱을 실행할 안드로이드 모바일 기기 속에 다운로드 해야 할 프로그램이 있습니다. 가지고 계신 안드로이드 모바일에서 앱을 다운받을 수 있는 Play 스토어에 접속하셔서 "MIT AI2 Companion" 앱을 다운 받아 설치하시길 바랍니다. 이 앱은 앱인벤터에서 만든 앱을 모바일 기기로 다운받거나 리얼타임 테스트를 할 때 사용하게 됩니다. 안드로이드 모바일 기기 운영체제 버전에 대한 조건은 아래와 같습니다.

〈 앱인벤터를 위한 안드로이드 모바일 기기 조건 〉

Android Operating System 2.3 ("Gingerbread") or higher

하드웨어 준비하기

번호	부품 이름	개수
1	아두이노 우노	1개
2	USB A to B 케이블	1개
3	브레드보드	1개
4	LED (5mm)	2개
5	저항 (220 옴)	2개
6	블루투스 모듈 (HC-06 또는 HC-05)	1개
7	점퍼선 (수-수), 듀퐁 케이블 (암-수, 암-암)	각각 15개 정도
8	Easy Module Shield V1 (이지모듈 쉴드)	1개
9	서보모터 (SG-90)	1개
10	I2C LCD	1개
11	MAX 7219 도트매트릭스 (8x8)	2개
12	ESP8266 12E NodeMCU Dev Kit module	1개
13	USB A to Micro B 케이블	1개

이 책에서 사용할 모든 부품에 대한 이름과 개수에 대한 정보가 위 표에 나와 있습니다. 부품을 실제로 구매하기 위한 웹 사이트에 대한 정보는 필자의 블로그(http://blog.naver.com/wootekken)에 제공되어 있습니다. 만일 부품 구매에 문제가 있으시다면 필자의 이메일(wootekken@naver.com)로 문의해 주시길 바랍니다.

블루투스 모듈에 대한 중요 공지사항(1)

이 책에서 다루는 블루투스 모듈은 HC-06(ZS-040)입니다. 블루투스 모듈은 HC-05를 사용하셔도 똑같이 잘 작동할 것입니다. 다만 HC-06/05 시리즈와 같은 블루투스 모듈은 3.3V 동작이기 때문에, 5V 동작의 아두이노 핀에 연결할 때는 전압분배회로를 사용하여 RX 핀을 연결하기를 권장합니다. 그러나 몇몇 인터넷 자료를 보면 그림 5.1처럼 HC-06 블루투스 모듈을 아두이노에 바로 연결한 경우가 있습니다.

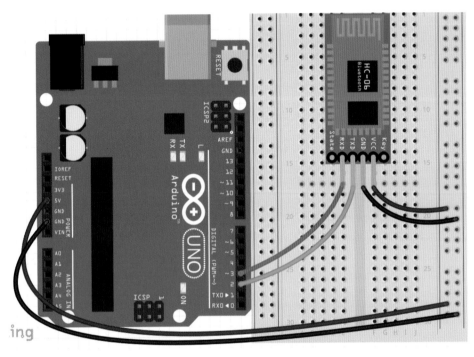

▶▶ [그림 5.1] HC-06을 아두이노에 바로 연결한 경우

블루투스 모듈은 3.3V 기반으로 작동되고 아두이노 우노는 5V 기반으로 작동됩니다. 그런데 블루투스 모듈의 TX 핀에서 아두이노 2번 핀으로 3.3V의 신호가 가는 것은 HIGH/LOW 인식에 문제가 없지만 아두이노 핀 3번에서 발생되는 5V 신호가 블루투스 모듈의 RX 핀으로 들어가는 것은 조금 문제가 될 수 있습니다(여기서 조금이라고 한 이유는 블루투스 모듈이 3.3V 기반이지만 5V정도까지는 버티기 때문입니다. 이를 tolerance라고 합니다). 그래서 아두이노 3번 핀에서 블루투스 모듈 RX 핀으로 연결되는 곳에는 전압 분배회로를 연결하여서 5V 신호를 3.3V 정도로 낮춰줄 필요가 있습니다. 그림 5.2를 보시겠습니다.

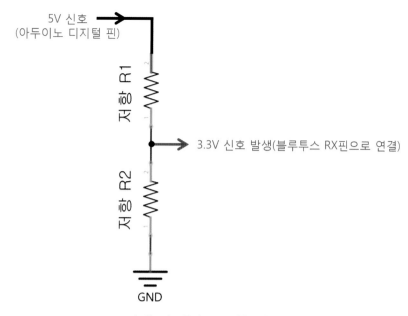

>> [그림 5.2] 5V를 약 3.3V로 낮추는 회로

그림 5.2는 5V 신호를 약 3.3V로 낮추는 전압분배 회로를 나타냅니다. 저항 R1과 저항 R2의 숫자값을 적지 않은 이유는 R1:R2의 비율이 1:2만 되면 되기 때문입니다. 반드시 R1:R2 = 1:2 정도가 되게끔 저항값을 정해주시길 바랍니다. 필자가 권하는 저항값은 1K옴:2K옴, 10K옴:20K옴입니다. 너무 낮거나 높은 저항값은 피해주세요. 이 방식을 이용하여 3.3V 기반의 블루투스 모듈을 아두이노에 연결하는 방법은 그림 5.3과 같습니다.

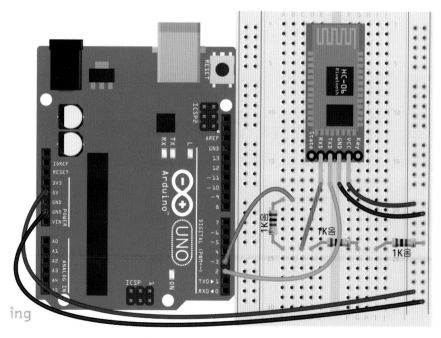

>> [그림 5.3] HC-06을 아두이노에 전압분배로 연결한 경우

필자는 1K옴은 있는데 2K옴이 없어서, 1K옴을 2개 직렬 연결하여 2K옴으로 만들어 전압분배 회로를 꾸며봤습니다.

그런데 인터넷 자료에 보면, HC-06/05 모듈을 아두이노 핀에 바로 연결한 경우가 보입니다. 필자도 아두이노에 바로 연결해서 블루투스 모듈을 테스트해 봤는데, 아주 잘 작동했습니다. 그렇지만 이것은 블루투스 모듈 전압의 허용 한계 때문이지 권장할 만한 사항은 아닙니다. 잠깐 사용이 가능했다고 해서 그것을 오래도록 지속하면 블루투스 모듈이 잘 작동될지 보장할 수 없습니다. 그러니 가능하면 전압분배를 사용하여 블루투스 모듈을 아두이노에 연결하시길 바랍니다.

이 책에서는 아두이노 프로그램과 앱을 연동하여 30분 내로 잠깐 테스트하는 것이기 때문에 전압분배 회로 없이 실습을 진행하겠습니다. 독자 여러분도 책에 연결된 블루투스 모듈 방식을 따라하셔도 되지만, 아두이노와 블루투스 연동을 오래도록 사용하실 거라면 그림 5.3과 같은 전압분배 회로를 사용하시길 바랍니다.

🔲 블루투스 모듈에 대한 중요 공지사항(2)

HC-06/05 모듈은 블루투스 통신 2.0대의 방식을 사용합니다. 그래서 안드로이드 모바일 기기 중 일부 기종은 HC-06/05과 블루투스 통신이 안 될 수도 있습니다. 블루투스 2.0대의 통신을 지원하는 안드로이드 모바일 기기 스펙을 꼭 확인하시고 실습하시길 바랍니다.

memo

블루투스 통신을 이용한 아두이노와 앱인벤터 기초 실습

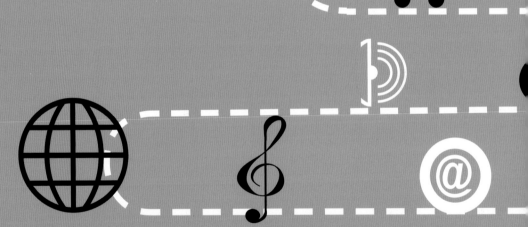

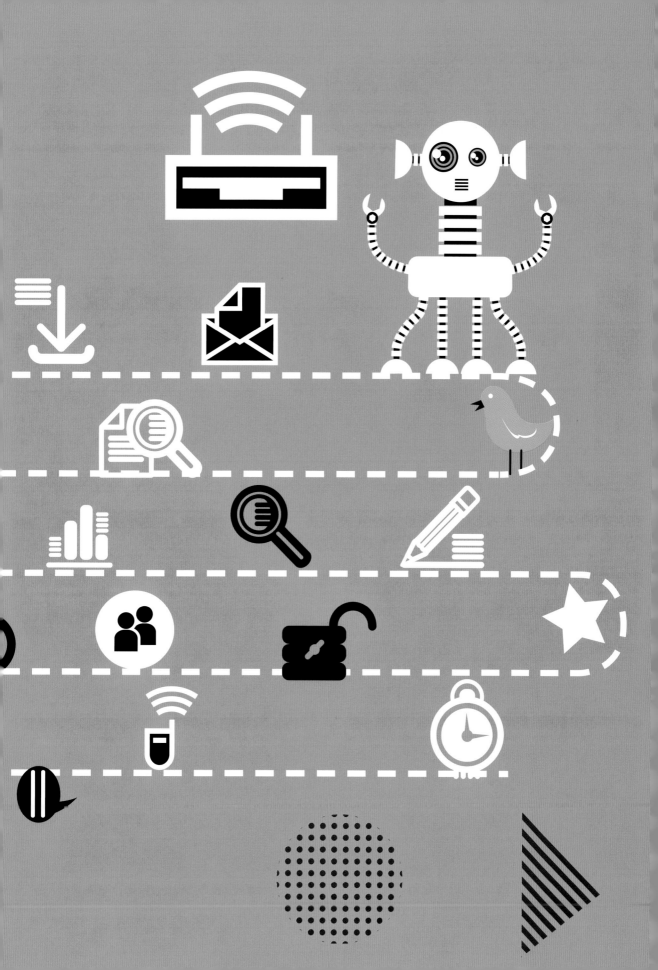

LED 제어 앱

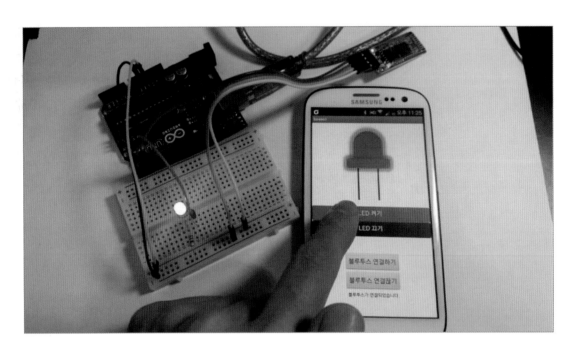

이 섹션에서는 LED 하나를 켜고 끄는 동작을 하는 아두이노 프로그램과 안드로이드 앱을 만들 것입니다. 첫 실습인 만큼 아두이노와 앱인벤터의 기초 사용법을 자세히 설명했습니다. 준비물 부터 시작해보도록 하겠습니다.

필요한 준비물

번호	부품 그림	부품명	개수
1		아두이노 우노, USB 케이블, 브레드보드	각 1개씩
2		점퍼 와이어 (수 수, 암 수)	10개 정도
3		LED (5mm)	1개
4		220옴 저항	1개
5		블루투스 모듈 (HC–06 또는 HC–05)	1개

아두이노와 부품 연결하기

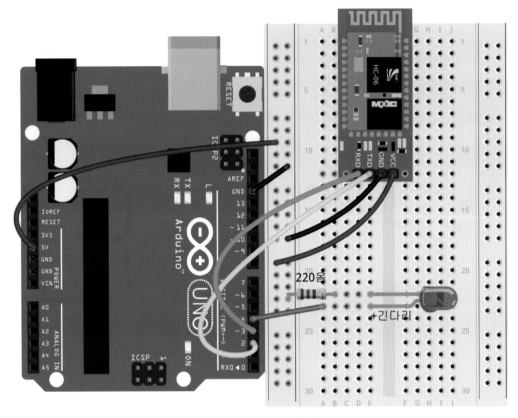

▶▶ [그림 6.6] 아두이노와 부품 연결 그림

아두이노에 LED를 연결하실 때는 LED의 극성에 주의하셔야 합니다. LED의 긴 다리 쪽이 +극
이고 짧은 다리 쪽이 -극입니다. 위 그림에서는 긴 다리 쪽을 아두이노 4번 핀에 연결하였습니
다. 블루투스 모듈은 HC-06을 사용했는데, HC-05를 사용하셔도 무방합니다. 블루투스 모듈의
RX(Receive), TX(Transmit)는 아두이노의 0번 핀(RX), 1번 핀(TX)에 연결하여 시리얼 하드웨어
를 거쳐서 통신을 할 수도 있지만 이 책에서는 소프트웨어 시리얼 통신을 사용하기 때문에 일반
적인 디지털 핀 2번과 3번을 블루투스 모듈에 연결했습니다. 블루투스 모듈에 연결되는 디지털
핀 번호는 변경 가능합니다.

아두이노 코드, section_6_arduino_led

다음은 아두이노에 업로드 될 코드와 각 코드 라인별 설명입니다.

```
section_6_arduino_led §
 1 #include <SoftwareSerial.h>
 2
 3 #define LED_PIN    4   // LED핀 번호
 4 #define BTtx       2   // 블루투스 tx핀이 연결된 아두이노 핀 번호
 5 #define BTrx       3   // 블루투스 rx핀이 연결된 아두이노 핀 번호
 6
 7 SoftwareSerial BT(BTtx, BTrx); // 소프트웨어 시리얼 객체
 8
 9 char data = 0;              // 모바일 앱으로 부터 입력받은 값 저장할 변수
10
11 void setup() {
12     BT.begin(9600);    // 소프트웨어 시리얼 통신 준비
13     Serial.begin(9600); // 하드웨어 시리얼 통신 준비
14     pinMode(LED_PIN, OUTPUT); // 4번핀 출력모드
15 }
16
17 void loop() {
18     if(BT.available() > 0) { // 블루투스 통신으로 입력된 데이터가 있으면
19         data = BT.read();    // 입력된 데이터를 읽어서 변수에 저장하기
20     }
21     if(data == '0') { // data == '0' 이면
22         digitalWrite(LED_PIN, LOW); // LED 끄기
23         Serial.println("LED OFF");  // 시리얼 모니터에 글자출력용
24     }
25     else if(data == '1') { // data == '1' 이면
26         digitalWrite(LED_PIN, HIGH); // LED 켜기
27         Serial.println("LED ON"); // 시리얼 모니터에 글자출력용
28     }
29     data = 0; // data 초기화
30 }
```

코드 라인별 설명

- **1:** SoftwareSerial은 시리얼 통신을 소프트웨어적으로 실행할 수 있게 해주는 라이브러리로써 아두이노를 설치할 때 기본적으로 포함되어 있습니다. 이 라이브러리를 이용하면 블루투스 모듈을 아두이노의 일반적인 디지털 핀에 연결하여서 시리얼 통신을 할 수 있습니다.
- **3:** LED가 아두이노에 연결된 핀 번호를 정의한 기호상수입니다.
- **4,5:** 블루투스 모듈이 아두이노에 연결된 핀 번호를 정의한 기호상수입니다.
- **7:** SoftwareSerial 객체를 만드는 방법이며, 이렇게 객체를 만들어야 시리얼 통신 메소드(함수)를 사용할 수 있습니다.
- **9:** 나중에 만들 모바일 앱에서 블루투스 통신을 통해서 아두이노로 데이터가 전송될 예정입니다. 그 데이터를 아두이노 단에서 받아서 data에 저장합니다.
- **11:** setup함수는 아두이노에서 최초에 한번 실행됩니다. 이곳에서는 하드웨어 장치의 설정이나 여러 가지 준비 코드를 입력합니다.

- **12:** SoftwareSerial 통신을 9600 baud rate의 속도로 준비하는 코드입니다.
- **13:** 아두이노에 설치된 하드웨어 시리얼 통신을 준비하는 코드입니다. 하드웨어 시리얼을 사용하는 이유는, 아두이노와 컴퓨터가 USB로 연결되어 있기 때문에 아두이노에서 컴퓨터 쪽으로 데이터를 보내어 시리얼 모니터 창으로 데이터 값을 눈으로 볼 수 있기 때문입니다.
- **14:** LED가 연결된 아두이노의 4번 핀을 출력모드로 설정하는 코드입니다.
- **17:** loop함수는 setup 함수가 실행된 이후에 무한히 반복되며 실행됩니다. 이곳에서 아두이노로 실행하고자 하는 실제 명령어를 입력합니다.
- **18:** BT.available 함수는 소프트웨어 시리얼을 통해서 입력된 데이터가 있는지 알려줍니다. 만약 모바일 앱에서 아두이노로 보낸 데이터 개수가 1개이면 BT.available은 1을 반환합니다. 보낸 데이터가 2개이면 2를 반환합니다. 즉, 입력된 데이터 개수만큼 반환하는 함수가 BT.available입니다. 입력된 데이터가 없으면 0을 반환합니다. 따라서 입력된 데이터가 한 개 이상이면 여기의 if 구문이 항상 실행됩니다.
- **19:** 모바일 앱으로부터 아두이노로 입력된 데이터가 있으면 그것을 BT.read()로 읽어 data 변수에 저장하는 코드입니다. 이 때 read()함수는 읽은 데이터를 버퍼에 그대로 두지 않고 지우는 일까지 합니다.
- **21:** 읽은 데이터가 문자 '0'(아스키값 48)인지 아닌지 if문으로 검사하는 코드입니다.
- **22:** LED를 끄는 코드입니다. LOW는 0V 전압을 출력합니다.
- **23:** 아두이노 IDE의 시리얼 모니터로 "LED OFF"라는 글자를 보기 위한 코드입니다.
- **25:** 읽은 데이터가 문자 '1'(아스키값 49)인지 아닌지 if문으로 검사하는 코드입니다.
- **26:** LED를 켜는 코드입니다. HIGH는 5V 전압을 출력합니다.
- **29:** data 변수를 0으로 초기화하여 계속 if문이 실행되지 않게 합니다.

section_6_arduino_led 아두이노 코드를 IDE 스케치 창에서 타이핑합니다. 그리고 이 코드를 아두이노에 업로드하기 위해 USB 케이블로 아두이노를 컴퓨터에 연결한 후 화살표 버튼을 클릭해서 코드를 업로드합니다.

코드 업로드가 완료되면 아두이노 단은 모두 완성된 것입니다. 이제 앱인벤터 단으로 넘어가도록 합니다.

앱인벤터로 앱 만들기

❶ 디자인

앱인벤터 홈페이지(http://appinventor.mit.edu)로 가서 첫 화면의 오른쪽 상단에 있는 "Create apps!"를 클릭해서 들어갑니다.

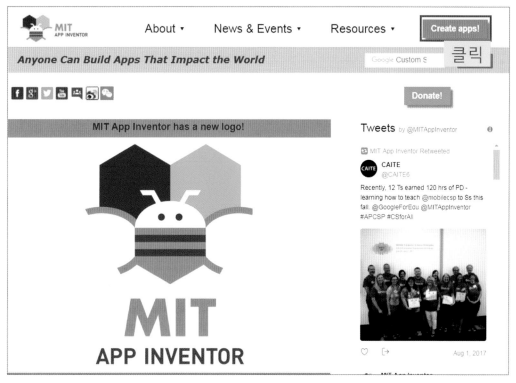

▶▶ [그림 6.7] 앱인벤터 홈페이지

새로운 앱을 만들기 위해서는 프로젝트를 만들어야 합니다. 상단 메뉴에서 "Projects" ⇒ "Start New Project"를 클릭합니다.

▶▶ [그림 6.8] 새 프로젝트 시작하기

필자는 프로젝트 이름을 "section6_1_led"으로 정하겠습니다.

[그림 6.9] 프로젝트 이름 정하기

프로젝트 이름을 정하고 OK 버튼을 누르면 그림 6.10과 같이 프로젝트 환경이 나타납니다. 이 환경에서 여러분이 원하는 앱의 디자인과 코딩을 할 수 있습니다. 그럼, 그림 6.10의 앱인벤터 프로젝트 환경 메뉴들에 대해서 먼저 알아보겠습니다.

[그림 6.10] 앱인벤터 프로젝트 환경

❶ **Designer와 Blocks:** Designer를 클릭하면 현재 그림 6.10과 같은 화면이 나타나고, Blocks 를 클릭하면 비주얼 그래픽 코딩 환경으로 이동하게 됩니다. Designer 화면에서는 디자인적인 요소(버튼, 표, 글, 그림, 색깔 등)를 내가 원하는 대로 배치하는 작업을 할 수 있고, Blocks 화면에서는 실제 코딩을 하여 프로그램을 만들 수 있습니다. 예를 들어 Designer에서 버튼을 디자인하고, Blocks로 넘어와서 버튼을 누르면 색깔이 변하는 코딩을 할 수 있습니다.

❷ **Palette:** 앱을 디자인할 때 사용되는 요소인 버튼, 슬라이더, 이미지, 레이블 등이 있는 곳입니다. 우리는 이 Palette에 있는 요소를 마우스로 끌어다가 사용할 것입니다.

❸ **Viewer:** 실제 모바일 기기 화면 같은 것으로서, Palette에 있는 요소들을 가져와서 배치하는 화면입니다. 나의 모바일 기기에서는 Viewer에서 디자인한 그대로 보이게 됩니다.

❹ Components: 여러분이 Palette에서 가져온 요소들이 체계적으로 표시되는 곳입니다.

❺ Properties: Palette에서 가져온 요소의 색깔이나 크기, 배치 등의 여러 가지 설정을 하는 곳입니다.

❻ Media: 사진이나 음악파일을 업로드하는 곳입니다.

01   led를 제어할 앱의 디자인을 만들어 보겠습니다.
      우리가 만들려고 하는 앱의 전체 디자인은 다음 그림과 같습니다.

▷▷ [그림 6.11] led 앱 전체 디자인

02   Palette에 있는 요소들을 Viewer에 잘 정렬해서 놓으려면 Layout에 있는 정렬요소를 잘 사용해야 합니다. 먼저 Layout안에 있는 HorizontalArrangement를 Viewer로 가져옵니다.

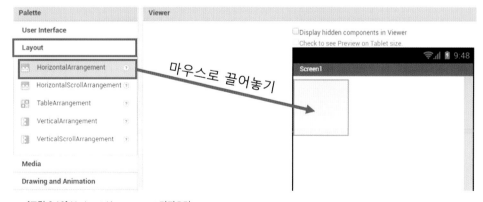

▷▷ [그림 6.12] HorizontalArrangement 가져오기

03 이 HorizontalArrangement에 led 이미지를 넣으려고 합니다. HorizontalArrangement의 Properties에서 조정할 부분은 다음과 같습니다.

▶ AlignHorizontal: Center : 3
▶ AlignVertical: Center : 2
▶ BackgroundColor: None
▶ Height: 40 percent
▶ Width: Fill parent

위와 같이 Properties를 수정하게 되면 그림 6.13처럼 HorizontalArrangement의 모양이 넓어집니다.

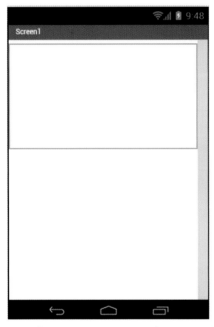

▶▶ [그림 6.13] HorizontalArrangement의 Propeties 조절 결과

04 이제 오른쪽 아래에 있는 Media 메뉴로 가서 "Upload File"을 눌러 "red_lef_off", "red_led_on" 이미지 2개를 각각 업로드합니다. 이미지 파일은 필자의 블로그(http://blog.naver.com/wootekken)로 오셔서 게시판 "아두이노_앱인벤터_실습자료"에서 받으실 수 있습니다. 한 번에 하나의 파일만 업로드되므로 두 번째 이미지는 다시 한 번 Upload File 버튼을 눌러 업로드하세요.

▶▶ [그림 6.14] led 이미지 업로드 완료

05 두 개의 led 이미지가 서로 번갈아 보이게끔 코딩을 할 예정이기 때문에 Palette ⇒ User Interface로 가서 Image 요소를 가져와 HorizontalArrangement 안에 총 두 개를 넣습니다.

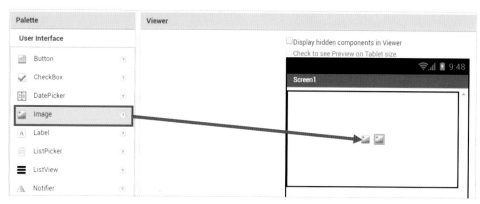

▷▷ [그림 6.15] Image 가져오기

06 .Image 요소의 이름을 바꾸면 코딩하는 데에 도움이 되기 때문에 그림 6.16과 같이 Rename(이름 재설정)을 클릭해서 이름을 바꾸어주도록 합니다.

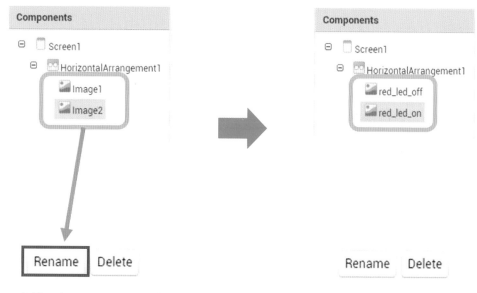

▷▷ [그림 6.16] Component를 Rename 하기

07   red_led_off의 Properties에서 조정할 부분은 다음과 같습니다.

▶ Height: Fill parent
▶ Width: 50 percent
▶ Picture: red_led_off.png
▶ RotationAngle: 0.0
▶ ScalePictureToFit: ☑
▶ Visible: ☑

08   red_led_on의 Properties에서 조정할 부분은 다음과 같습니다.

▶ Height: Fill parent
▶   Width: 50 percent
▶ Picture: red_led_on.png
▶ RotationAngle: 0.0
▶ ScalePictureToFit: ☑
▶ Visible: ☐

09   red_led_on에서 Visible을 체크하지 않는 이유는, 앱이 시작되었을 때에는 초기값으로 red_led_off
이미지가 보여서 led가 꺼진 상태를 나타낼 것이고, 앱에서 버튼을 눌러 led를 켜게 된다면 이미지를
red_led_on으로 전환하는 코딩을 할 것이기 때문입니다.
여기까지 잘 하셨다면 Viewer 화면이 그림 6.17과 같이 나타날 것입니다.

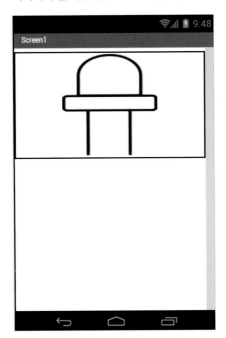

▶▶ [그림 6.17] led이미지 디자인

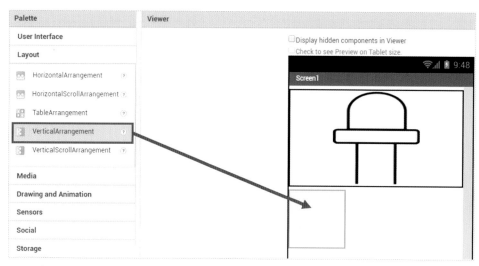

▶▶ [그림 6.18] VerticalArrangement 가져오기

10 VerticalArrangement의 Properties에서 조정할 부분은 다음과 같습니다.

▶ AlignHorizontal: Center : 3
▶ AlignVertical: Center : 2
▶ BackgroundColor: None
▶ Height: 20 percent
▶ Width: Fill parent

11 이번에는 Palette에서 Button 요소를 두 개 가져와서 그림 6.19와 같이 VerticalArrangement에 세로로 배치합니다. VerticalArrangement는 Palette요소들을 세로로 배치하는 데에 사용되는 Layout입니다.

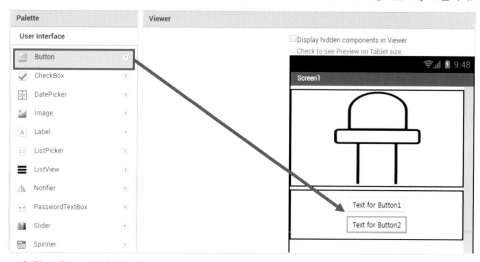

▶▶ [그림 6.19] Button 두개 가져오기

12   두 개의 버튼 중에 위쪽 버튼을 "led_on", 아래쪽 버튼을 "led_off"로 Rename 해줍니다.

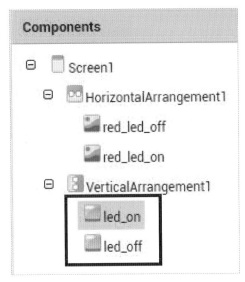

>> [그림 6.20] Button을 Rename하기

13   led_on 요소의 Properties를 아래와 같이 조정합니다.

▶ BackgroundColor: Red
▶ Enabled: ☑
▶ FontBold: ☐
▶ FonItalic: ☐
▶ FontSize: 20
▶ FontTypeface: sans serif
▶ Height: Automatic
▶ Width: Fill parent
▶ Image: none
▶ Shape: rounded
▶ Show Feedback: ☑
▶ Text: LED ON
▶ TextAlignment: center : 1
▶ TextColor: white
▶ Visible: ☑

14 led_off 요소의 Properties를 아래와 같이 조정합니다.

▶ BackgroundColor: Red
▶ Enabled: ☑
▶ FontBold: ☐
▶ FonItalic: ☐
▶ FontSize: 20
▶ FontTypeface: sans serif
▶ Height: Automatic
▶ Width: Fill parent
▶ Image: none
▶ Shape: rounded
▶ Show Feedback: ☑
▶ Text: LED ON
▶ TextAlignment: center : 1
▶ TextColor: white
▶ Visible: ☑

위와 같이 Properties를 바꾸면 그림 6.21과 같이 될 것입니다.

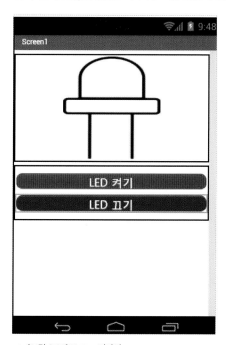

▶▶ [그림 6.21] Button 디자인

15

이번에는 블루투스 통신을 연결하거나 끊을 때 사용할 디자인을 만듭니다. 그림 6.22와 같이 VerticalArrangement 하나를 아래에 넣습니다.

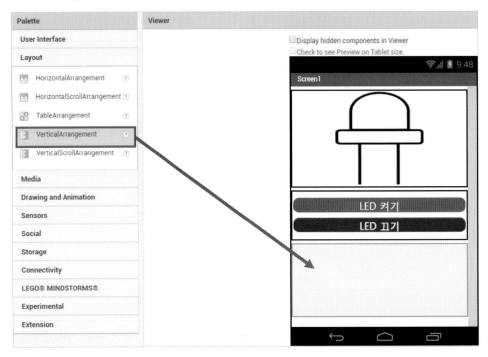

▶▶ [그림 6.22] 두 번째 VerticalArrangement

16

VerticalArrangement의 Properties를 아래와 같이 조정합니다.

▶ AlignHorizontal: Center : 3
▶ AlignVertical: Center : 2
▶ BackgroundColor: None
▶ Height: 30 percent
▶ Width: Fill parent

17 VerticalArrangement안에 ListPicker와 Button을 그림 6.23처럼 넣습니다. ListPicker는 블루투스 통신 목록을 보여주고 내가 원하는 블루투스 모듈의 주소를 선택하는 역할을 할 것입니다. Button은 블루투스 연결을 끊는 역할을 할 것입니다.

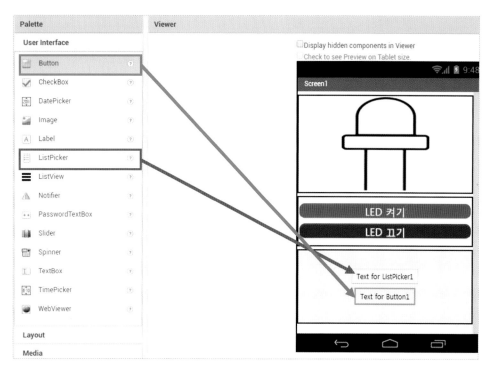

▶▶ [그림 6.23] ListPicker와 Button 배치하기

18 ListPicker는 Rename을 하지 않고, Button은 "Bluetooth_disconnect"라고 Rename을 해줍니다.

19 ListPicker의 Properties를 아래와 같이 조정합니다.
바꿀 부분만 표시하였으니 나머지 부분은 그대로 두셔도 됩니다.

▶ FontSize: 20
▶ Text: 블루투스 연결하기

20 Button의 Properties는 아래와 같이 조정합니다.
바꿀 부분만 표시하였으니 나머지 부분은 그대로 두셔도 됩니다.

▶ FontSize: 20
▶ Text: 블루투스 연결끊기

21 마지막 Palette요소로서, Sensors ⇒ Clock을 Viewer에 하나 넣습니다. 그리고 Connectivity ⇒ BluetoothClient를 Viewer에 하나 넣습니다. 이 두 가지 요소는 non-visible components로서 Viewer 에는 보이지 않고 모바일 기기 내부에서 내가 만든 앱과 함께 작동됩니다.

▶▶ [그림 6.24] Clock 배치하기

▶▶ [그림 6.25] BluetoothClient 배치하기

디자인은 모두 끝났고, 이제 오른쪽 상단의 Blocks를 클릭하여 코딩하는 단계로 넘어갑니다.

▷▷ [그림 6.26] Blocks 클릭하여 코딩하러 가기

❷ 앱 코딩

Blocks를 클릭해서 앱을 코딩할 수 있는 환경으로 들어갑니다. 앞서 우리가 디자인한 앱의 목적은 아두이노와 블루투스 무선 통신을 하면서 LED를 껐다가 켜는 제어를 하는 것입니다. 그러기 위해서 필요한 기능은 다음과 같습니다.

① 아두이노와 모바일 기기를 블루투스 통신으로 연결하기
② 앱에서 버튼을 누르면 아두이노에서 LED가 점멸되기

이 두 가지 기능을 하나씩 코딩으로 구현하여 앱을 완성해봅시다.

22 먼저, ListPicker를 클릭해서 ListPicker.BeforePicking을 가져옵니다.

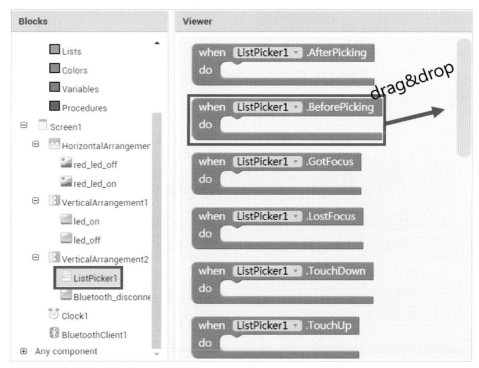

▷▷ [그림 6.27] ListPicker.BeforPicking

23 이번에는 ListPicker의 Elements 블록을 가져와서 그림 6.28과 같이 만듭니다.

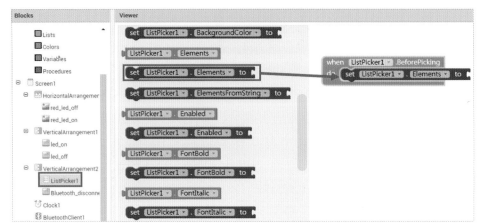

▶▶ [그림 6.28] ListPicker.Elements

24 BluetoothClient의 BluetoothClient.AddressesAndNames 블록을 가져와서 그림 6.29와 같이 끼웁니다.

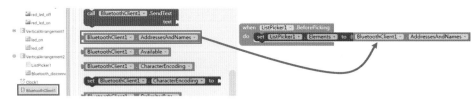

▶▶ [그림 6.29] BluetoothClient.AddressesAndNames]

25 지금까지 만든 명령어를 다시 나타내면 그림 6.29와 같습니다. 이 명령어는 나의 모바일 기기에 등록되어 있는 외부 블루투스 주소와 이름을 ListPicker의 목록으로 가져오는 기능을 합니다. 우리가 보통 스마트폰으로 블루투스 페어링을 할 때 주변의 여러 가지 블루투스 목록이 뜨는데, 그런 주변의 블루투스 주소와 이름을 우리가 선택하기 쉽게 목록화 하는 것이 ListPicker의 역할입니다.

▶▶ [그림 6.30] 블루투스 주소와 이름 목록화

TIP

여기서 여러분이 꼭 아셔야 할 사항은. 앱 코딩을 할 때 블록이 어디에 있는지는 그 이름을 잘 보면 알 수 있다는 점입니다. 그림 6.29를 예로 들면, "set ListPicker.Elements"라는 블록은 ListPicker를 클릭해서 찾아봐야 합니다. 그리고 "BluetoothClient.AddressesAndNames"블록은 BluetoothClient 요소에서 찾아봐야 합니다. 앞으로는 이 요소의 이름을 잘 관찰하셔서 블록을 가져오는 데에 실수가 없기를 바랍니다.

26

다음으로, 블루투스 목록에서 내가 원하는 아두이노 블루투스를 선택하여 모바일 기기와 아두이노를 블루투스 통신으로 연결시키는 기능을 만들어 보겠습니다.

ListPicker.AfterPicking 블록을 가져옵니다.

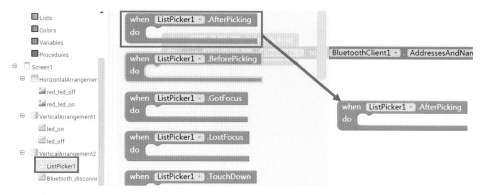

▸▸ [그림 6.31] ListPicer.AfterPicking

27

Control 블록에서 if ~ then 블록을 가져와 끼웁니다.

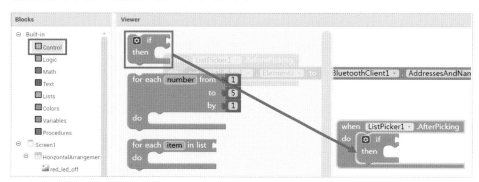

▸▸ [그림 6.32] if ~ then 블록

28

if ~ then 블록은 if에서 조건이 참값이면 then 명령이 실행되는 제어문 명령어입니다.
이 if 블록 명령어를 이용해서 블루투스 목록 중 아두이노 블루투스를 선택하면 자동적으로 앱과 아두이노를 블루투스 통신으로 연결하게 해주는 명령어가 그림 6.33과 같이 만들어집니다.

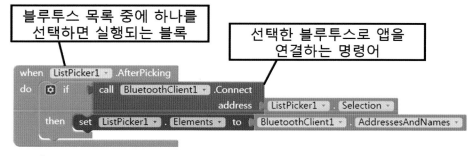

▸▸ [그림 6.33] if ~ then 블록

29 이제 Clock 블록에서 when Clock.Timer 블록을 가져옵니다. 이 블록은 정해진 시간마다 실행되는 명령어로서, 시간 설정은 앞서 Designer 화면에 있는 Properties 의 TimeInterval에서 설정할 수 있습니다. 기본 시간 설정값이 1초로 되어 있어서 Clock.Timer 블록은 매 1초마다 자동적으로 실행됩니다.

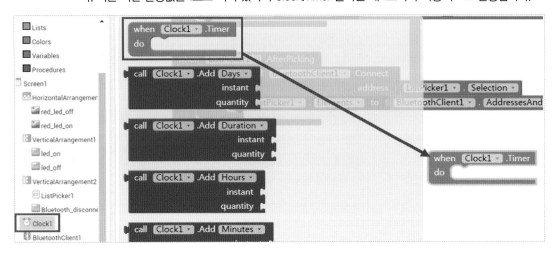

▶▶ [그림 6.34] Clock.Timer 블록

30 Clock.Timer 블록 안에서는 블루투스가 연결되었는지 여부를 매 1초마다 검사하는 기능을 넣으려고 합니다. 그림 6.35와 같이 if then else라는 블록을 직접 만들어 넣어주도록 합니다.

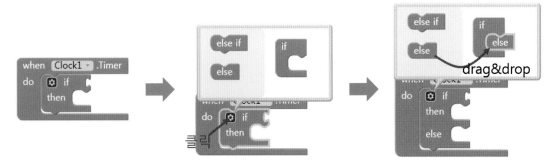

▶▶ [그림 6.35] if then else 블록

> **TIP**
>
> Clock.Timer 블록은 일정시간 간격 동안 자동으로 실행되는 명령어로써 시간 설정은 기본이 1초(1000ms)로 되어 있습니다. 시간을 바꾸는 방법은 디자인의 Properties에서 TimeInterval을 바꾸거나 Clock 명령블록에서 TimeInterval을 찾아 바꾸면 됩니다.

이 if then else 블록은 if가 참값이면 then이 실행되고, if가 거짓값이면 else가 실행되는 제어 명령어입니다. if 제어문을 사용하여 블루투스가 연결되었으면 "블루투스가 연결되었습니다." 라는 글자를 화면에 보여주려고 합니다. 그런데 우리는 Viewer 디자인을 할 때 글자를 출력할 수 있는 기능을 넣지 않았습니다. 다시 Designer 화면으로 옮겨가서 그림 6.36처럼 Label(글자 출력 가능한 요소)을 하나 삽입합니다.

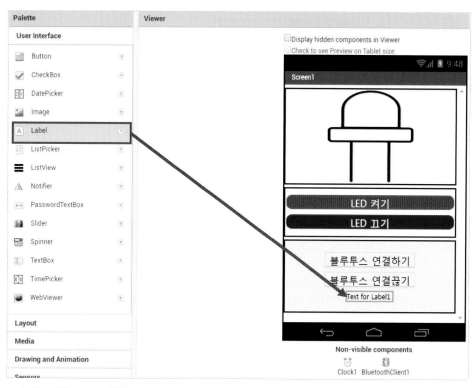

>> [그림 6.36][Label 요소 넣기]

이렇게 Blocks에서 코딩을 하다가 갑자기 어떤 디자인 요소가 필요하다면 Designer로 넘어가 디자인 작업을 하고 다시 Blocks로 되돌아와 코딩을 하면 됩니다.

32

if 구문에 BluetoothClient.IsConnected를 삽입하여 블루투스 통신이 연결되었는지 체크를 합니다. 만약 블루투스 연결이 되면 Label의 글자(Text)를 수정할 수 있게 Label.Text를 then 구문에 붙여줍니다.

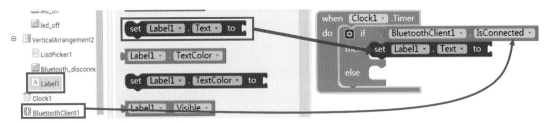

▷▷ [그림 6.37] [BluetoothClient, Label 블록

33

Label에 출력할 글자는 Text 블록의 "빈칸" 블록을 그림 6.38과 같이 연결하여 글자를 빈칸에 직접 타이핑하면 됩니다.

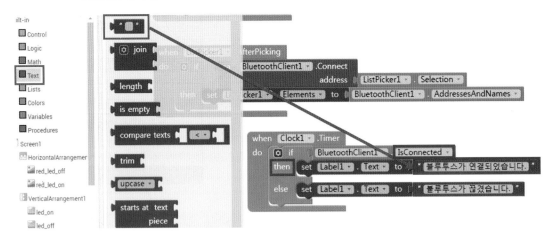

▷▷ [그림 6.38] Text 블록

34

그림 6.38은 만약 블루투스가 연결되었다면(IsConnected) then 구문이 실행되어 "블루투스가 연결되었습니다." 라는 글자가 Label에 나타나게 한 것입니다. 만약 블루투스가 연결되지 않았다면 else 구문이 실행되어 "블루투스가 끊겼습니다."라고 나타날 것입니다.

35   다음으로는 led_on, led_off 버튼을 누를 때마다 led 이미지가 바뀌고, 앱에서 아두이노 쪽으로 블루투스 무선 데이터를 전송하는 명령어를 그림 6.39처럼 만듭니다.

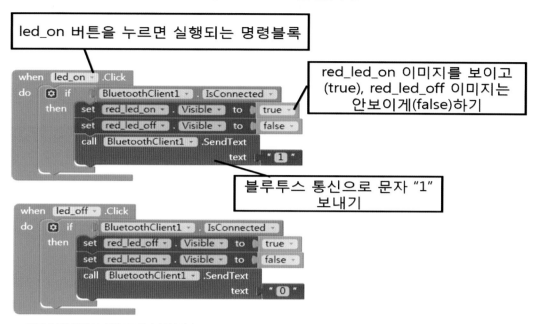

>> [그림 6.39] 블루투스 통신으로 데이터 전송하기

여기에서 red_led_on.Visible을 true로 하면 이미지가 '보인다(Visible)'는 의미입니다. 반대로 false이면 '안 보인다'는 의미입니다.

36   이제 마지막으로 Bluetooth_disconnect 버튼을 누르면 BluetoothClient.Disconnect 블록 명령이 실행되게 해서 블루투스 연결이 끊기게 만들어줍니다.

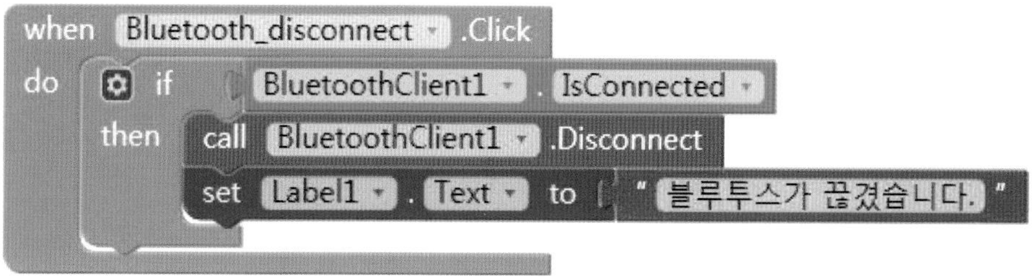

>> [그림 6.40] 블루투스 연결 끊기

<u>37</u> 모든 코딩이 완성되었습니다. 혹시 빠뜨린 명령어가 없는지 그림 6.41을 보면서 확인해보시길 바랍니다.

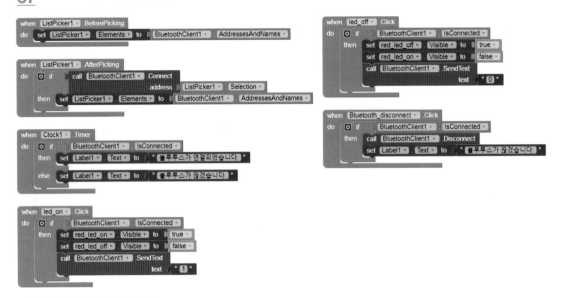

▸▸ [그림 6.41] 모든 블록 명령어 보기

<u>38</u> **〈 아두이노와 앱 테스트하기 〉**

여기부터는 아두이노에 코드 업로드가 완료된 상태여야 합니다. 이제 코딩이 끝난 앱을 다운 받아 보겠습니다. 먼저, 앱인벤터 상단의 메뉴 중에 Build를 클릭하고 App(provide QR code for.apk)를 클릭하면 그림 6.42와 같이 앱 다운로드를 위한 QR코드가 생성될 것입니다.

▸▸ [그림 6.42] 앱 다운을 위한 QR코드 생성

<u>39</u> 모바일 기기에 있는 MIT AI2 Companion(Chapter 1에서 준비함) 앱을 실행합니다.
이 앱의 첫 화면에 scan QR code를 클릭하여 방금 컴퓨터 화면에 뜬 QR코드를 찍습니다.

▷▷ [그림 6.43] MIT AI2 Companion 앱 실행 화면

<u>40</u> 그러면 앱을 설치하라는 메세지가 뜨는 데, 평소 앱을 설치하실 때처럼 앱을 설치하시면 됩니다.

만약 "출처를 알 수 없는 앱"이라고 메세지가 뜨면 설정에 들어가셔서 출처를 알 수 없는 앱도 설치 가능하게 설정해두면 됩니다.

<u>41</u> 앱 설치가 완료되었다면, 이제 아두이노의 블루투스를 나의 모바일 기기에 등록시키는 일만 남았습니다. 그림 6.44처럼 블루투스 설정에 들어가서 주변 블루투스 기기 검색을 시작합니다. 아두이노에 전원이 들어온 상태라면 블루투스 모듈도 작동되고 있는 상태일 것입니다. 이때 HC-06(또는 HC-05)이라고 뜨는 블루투스가 바로 아두이노에 연결된 블루투스 이름입니다.

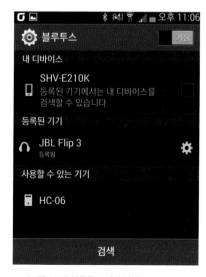

▷▷ [그림 6.44] 블루투스 설정 화면

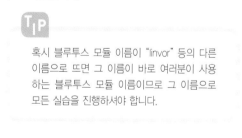

혹시 블루투스 모듈 이름이 "linvor" 등의 다른 이름으로 뜨면 그 이름이 바로 여러분이 사용하는 블루투스 모듈 이름이므로 그 이름으로 모든 실습을 진행하셔야 합니다.

42

검색되어 나온 HC−06 이름을 눌러서 그림 6.45와 같이 PIN 번호(1234 또는 0000)를 입력하면 아두이
노 블루투스가 나의 모바일 기기에 등록됩니다. 이 작업은 최초에 한번만 해놓으면 됩니다.

▶▶ [그림 6.45] 블루투스 PIN 입력

43

이전에 우리가 만들고 설치했던 앱으로 돌아갑니다. 앱 초기 화면에서 그림 6.46처럼 "블루투스 연결하
기" 버튼을 클릭해서 HC−06을 누르면 블루투스가 연결되면서 앱 하단에 블루투스가 연결되었다는 글
자가 나타날 것입니다. 그리고 블루투스 모듈에서 계속 깜빡이던 LED가 더 이상 깜빡이지 않고 계속 켜
져 있을 겁니다(그림 6.47 참조). 블루투스 모듈이 앱과 연결이 되면 블루투스 모듈에 장착된 LED가 계
속 켜짐으로써 페어링이 잘 되었다는 것을 표시해 주는 것입니다. 이제 아두이노에 연결한 LED를 제어
할 수 있는 상태가 되었습니다.

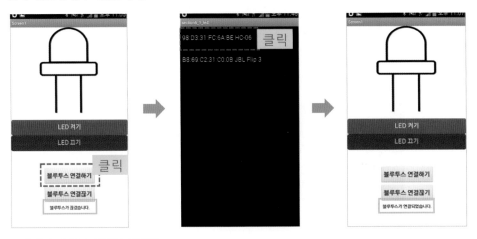

▶▶ [그림 6.46] 앱으로 블루투스 연결하기

44 LED 켜기와 끄기를 번갈아 가면서 한 번씩 클릭해 봅니다. 그림 6.47과 그림 6.48처럼 LED가 점멸되는지 꼭 확인해보시길 바랍니다.

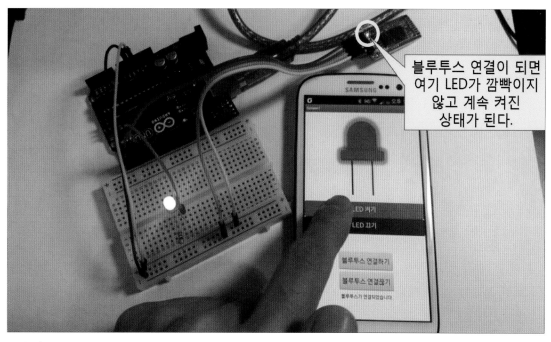

블루투스 연결이 되면 여기 LED가 깜빡이지 않고 계속 켜진 상태가 된다.

▷▷ [그림 6.47] LED ON

참고로 아두이노의 시리얼 모니터 창을 띄우면 "LED ON", "LED OFF"라는 메세지도 뜹니다.

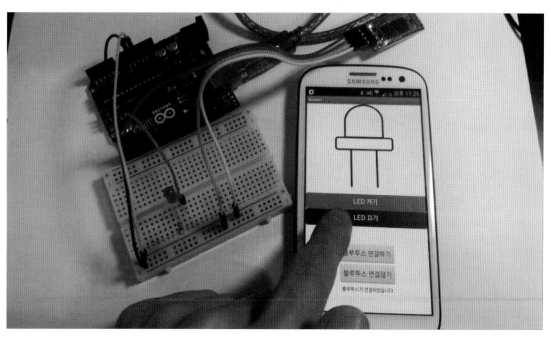

▷▷ [그림 6.48] LED OFF

🔧 더 해보기

아두이노에 LED를 2개 더 연결하세요. 그리고 모바일 앱에 버튼을 더 넣어서 아두이노의 여러 개 LED가 점멸하는 앱을 만들어보세요.

음성인식 LED 제어

불켜!

이 섹션에서는 사람이 모바일 기기 앱에 말을 하여 아두이노에 연결된 LED를 제어하는 음성인식 작품을 만들어 보겠습니다. 기본적인 원리는 이렇습니다. 모바일 기기 안에 있는 마이크를 통해서 음성을 입력받은 뒤, 앱인벤터에서 제공하는 구글 스피치 인식 기능으로 음성을 텍스트 데이터로 바꿉니다. 그렇게 바뀐 텍스트 데이터를 이용해 앱에서 아두이노로 블루투스 무선 데이터를 보냅니다. 아두이노에서는 블루투스 무선 데이터를 받아서 LED를 켜고 끄는 동작을 합니다.

이제 다음의 준비물을 확인하시고 아두이노와 앱인벤터 실습을 시작하시길 바랍니다.

🚚 필요한 준비물

번호	부품 그림	부품명	개수
1		아두이노 우노, USB 케이블	각 1개씩
2		암–암 케이블	4줄
3		블루투스 모듈 (HC–06 or 05)	1개
4		Easy Module Shield V1 (이지 모듈 쉴드 V1)	1개

🚚 아두이노와 부품 연결하기

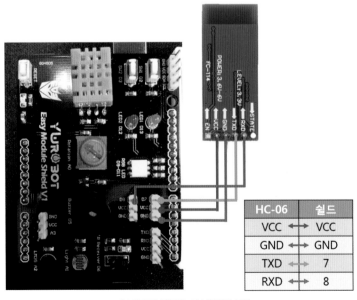

HC-06	쉴드
VCC ←→	VCC
GND ←→	GND
TXD ←→	7
RXD ←→	8

▶▶ [그림 7.5] 아두이노와 부품연결 그림

Easy Module Shield V1(이지 모듈 쉴드 V1)은 LED와 스위치, 그리고 각종 센서를 장착하고 있는 쉴드 제품으로써 이 제품만 연결하면 아두이노와 브레드보드에 부품을 하나하나 연결할 필요 없이 손쉽게 바로 사용할 수 있다는 장점이 있습니다. 블루투스 모듈과 이지 모듈 쉴드의 연결은 암-암 케이블을 이용하여 그림 7.5와 같이 연결해 주시면 됩니다. 이지 모듈 쉴드에 어떤 부품이 장착되어 있는지는 그림 7.6에 나와 있습니다.

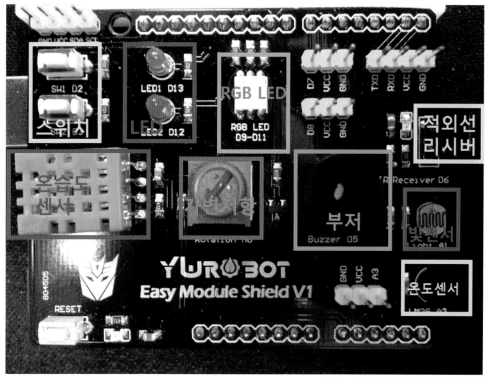

▶▶ [그림 7.6] 이지 모듈 쉴드의 각 부품

이 책에서 다뤄지는 여러 실습에서는 이지 모듈 쉴드가 많이 활용될 것입니다. 아두이노 우노에 이지 모듈 쉴드를 꽂는 방법은 그림 7.7과 같습니다.

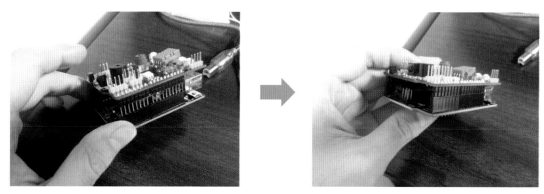

▶▶ [그림 7.7] 아두이노와 이지 모듈 쉴드 연결하기

아두이노 코드, section_7_arduino_led_by_speech

```
arduino_led_by_speech §
 1 #include <SoftwareSerial.h>
 2
 3 #define RED_LED_PIN      12
 4 #define BTtx            7
 5 #define BTrx            8
 6
 7 SoftwareSerial BT(BTtx, BTrx);
 8
 9 void setup() {
10     BT.begin(9600);
11     pinMode(RED_LED_PIN, OUTPUT);
12 }
13
14 void loop() {
15     if(BT.available() > 0) {
16         byte data = BT.read();
17         if(data == 1) digitalWrite(RED_LED_PIN, HIGH);
18         else if(data == 2) digitalWrite(RED_LED_PIN, LOW);
19         data = 0;
20     }
21 }
```

코드 라인별 설명

- **1:** SoftwareSerial은 시리얼 통신을 소프트웨어적으로 실행할 수 있게 해주는 라이브러리로써 아두이노를 설치할 때 기본적으로 포함되어 있습니다. 이 라이브러리를 이용하면 블루투스 모듈을 아두이노의 일반적인 디지털 핀에 연결하여서 시리얼 통신을 할 수 있습니다.
- **3:** 아두이노에 연결된 이지 모듈 쉴드 LED의 핀 번호를 정의한 기호상수입니다.
- **4,5:** 아두이노에 연결된 블루투스 모듈의 핀 번호를 정의한 기호상수입니다.
- **7:** SoftwareSerial 객체를 만드는 방법이며, 이렇게 객체를 만들어야 시리얼 통신 메소드(함수)를 사용할 수 있습니다.
- **10:** SoftwareSerial 통신을 9600 baud rate의 속도로 준비하는 코드입니다.
- **11:** LED가 연결된 아두이노의 핀 번호를 출력모드로 설정하는 코드입니다.
- **15:** BT.available 함수는 소프트웨어 시리얼을 통해서 입력된 데이터가 있는지 알려줍니다. 만약 모바일 앱에서 아두이노로 보낸 데이터 개수가 1개이면 BT.available은 1을 반환합니다. 보낸 데이터가 2개이면 2를 반환합니다. 즉, 입력된 데이터 개수만큼 반환하는 함수가 BT.available입니다. 입력된 데이터가 없으면 0을 반환합니다. 따라서 입력된 데이터가 한 개 이상이면 여기 if 구문이 항상 실행됩니다.
- **16:** 모바일 앱으로부터 아두이노로 입력된 데이터가 있으면 그것을 BT.read()로 읽어 data 변수에 저장하는 코드입니다. 이 때 read()함수는 읽은 데이터를 버퍼에 그대로 두지 않고 지우는 일까지 합니다.

- **17:** 읽은 데이터가 1이면 LED를 켜는 명령어입니다.
- **18:** 읽은 데이터가 2이면 LED를 끄는 명령어입니다.
- **19:** data 변수를 0으로 초기화합니다.

section_7_arduino_led_by_speech 아두이노 코드를 IDE 스케치 창에서 타이핑합니다. 그리고 화살표 버튼을 클릭해서 코드를 아두이노에 업로드합니다. 코드 업로드가 완료되면 아두이노 단은 모두 완성된 것입니다. 이제 앱인벤터 단으로 넘어가도록 합니다.

앱인벤터로 앱 만들기

❶ 디자인

앱인벤터 홈페이지에 접속하여 Projects ⇒ Start New Project를 클릭하고 프로젝트 이름을 영어로 정하면 앱 디자인을 할 수 있는 화면이 나옵니다. 이번에 만들 앱의 전체 모습은 그림 7.8과 같습니다.

▶▶ [그림 7.8] 음성인식 앱 디자인

위 앱의 작동방법은 다음과 같습니다. 먼저, 블루투스를 연결한 다음에 가운데에 있는 버튼 "이 곳을 터치하고 말하세요"를 누르면 구글 음성 인식 기능이 실행됩니다. 이때 모바일 기기의 마이크에 입을 가까이 대고 "빨간 불 켜"라고 말하면 아두이노에 연결된 빨간 LED가 켜지고, "빨간 불 꺼"라고 말하면 빨간 LED가 꺼지는 동작이 나타날 것입니다.

이제, 앱 디자인을 다음과 같이 시작해 봅시다.

01 디자인 첫 화면에는 항상 Screen1 컴포넌트가 존재합니다. Compenents탭에 있는 Screen1을 선택하여 그림 7.8과 같이 Properties를 설정해줍니다. 이 설정은 앱의 첫 화면에 나타나는 글과 그림이 가운데 위쪽으로 정렬되게끔 해줍니다.

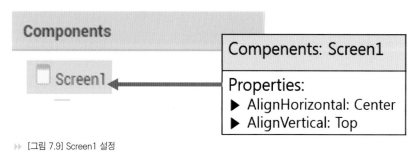

▷▷ [그림 7.9] Screen1 설정

02 마이크 모양의 이미지 하나를 Media탭에서 업로드해줍니다. 인터넷에서 마이크 이미지를 검색해서 업로드해도 되지만, 그림 7.9에서처럼 저자의 네이버 블로그에 있는 마이크 이미지를 다운 받아서 업로드하기를 권합니다.

▷▷ [그림 7.10] 마이크 이미지 업로드

03   Screen1 안에 할 디자인은 그림 7.11, 그림7.12와 같습니다. 번호 순서대로 Pallete의 요소를 찾아서 넣고 Rename과 Properties 설정을 하나씩 해주세요. 수정해야 할 Properites만 적어놨으니 다른 Properties 는 그대로 두시면 됩니다.

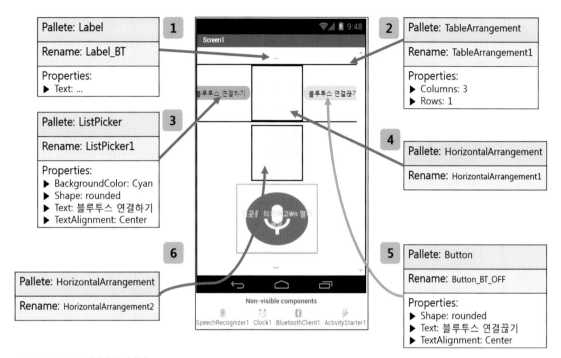

▷▷ [그림 7.11] [음성인식 앱 디자인1

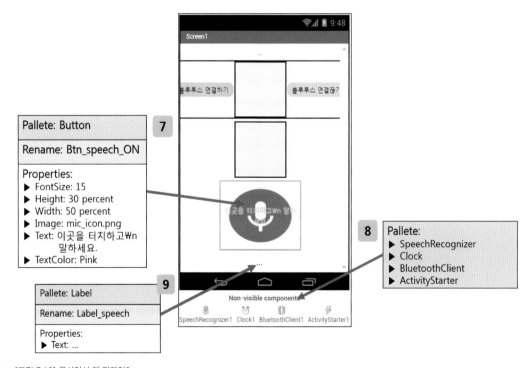

▷▷ [그림 7.12] 음성인식 앱 디자인2

04 그림 7.12에서 Button안에 분홍색 Text를 넣을 때 "이곳을 터치하고 ₩n 말하세요"에서 "₩n"은 글자가 아니라 줄 바꿈 명령어입니다. 키보드에 "₩"은 역슬래쉬 "＼"와 똑같기 때문에 "₩n"이라고 입력해도 동일합니다. 마지막으로 Non-visible components를 꼭 포함시키세요.

05 이제 모든 디자인은 끝났고 블록 코딩만 남았습니다.
그림 7.13처럼 블루투스 연결 블록 코딩을 해줍니다. 이 부분은 매 Section마다 항상 나온다고 보시면 됩니다. 이번에 조금 다른 점은, 블루투스가 연결될 때 Label_BT의 글자가 빨간색으로 나오게 하고, 연결되지 않았을 때는 회색으로 나오게 했습니다.

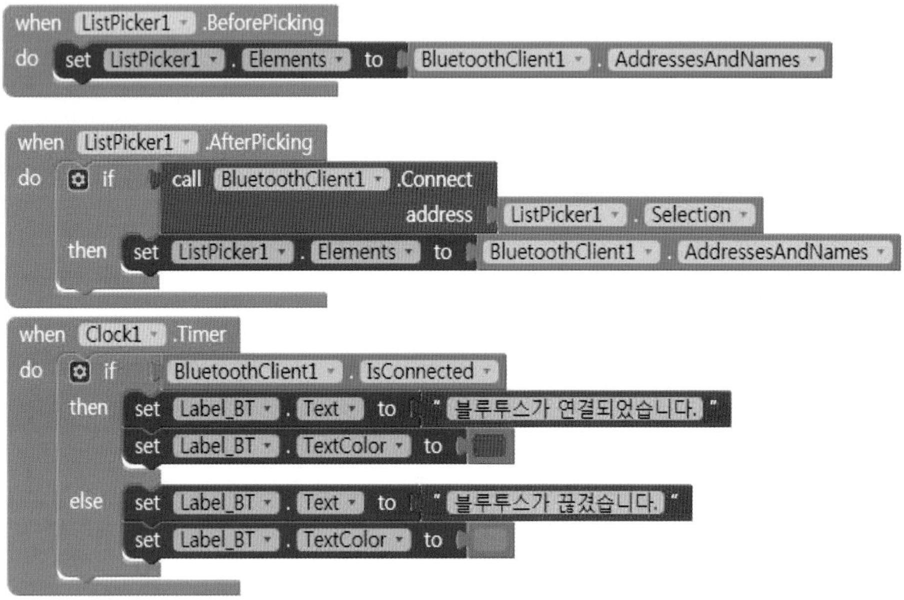

▷▷ [그림 7.13] 블루투스 연결 블록 명령어

06 앱을 실행했을 때(when Screen1.Initialize) 블루투스가 활성화되지 않았다면 블루투스를 활성화할 건지 묻는 메세지를 띄워주는 기능을 넣어보겠습니다. 이 기능은 ActivityStarter라는 특수 블록 명령을 사용해야 합니다. 그림 7.14에서 "android.bluetooth.adapter.action.REQUEST_ENABLE"라는 명령어를 정확하게 입력해야 블루투스 활성화 요청 메세지가 뜹니다.

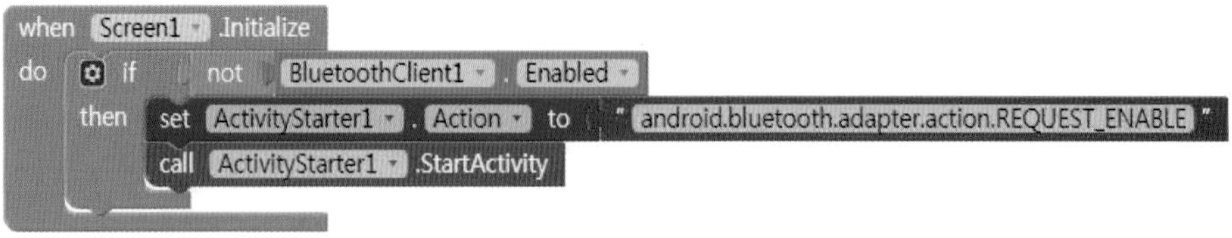

▷▷ [그림 7.14] 블루투스 활성화 Activity 명령어

07   Button_BT_OFF 버튼은 블루투스 연결을 끊는 명령 기능을 하는 것으로 그림 7.15와 같이 만듭니다.

[그림 7.15] 블루투스 연결 끊기 블록 명령어

08   블루투스 연결 부분의 명령어는 이제 끝났습니다. 이 앱의 핵심인 음성인식 부분을 코딩해봅시다. 앱인벤터에는 기본적으로 안드로이드 음성 인식(SpeechRecognizer) 기능을 사용할 수 있는 명령 블록이 있습니다. 이 명령 블록은 모바일 기기의 마이크를 통해서 입력된 음성을 텍스트(문자) 데이터로 변환해줍니다. 이 음성인식 기능이 사용되기 전에는 Label_speech의 Text에 "..."을 출력해주고, Btn_speech_ON 버튼을 눌렀을 때 안드로이드 SpeechRecognizer가 실행되게 해줍니다. 여러분은 그림 7.16처럼 코딩을 해주시면 됩니다.

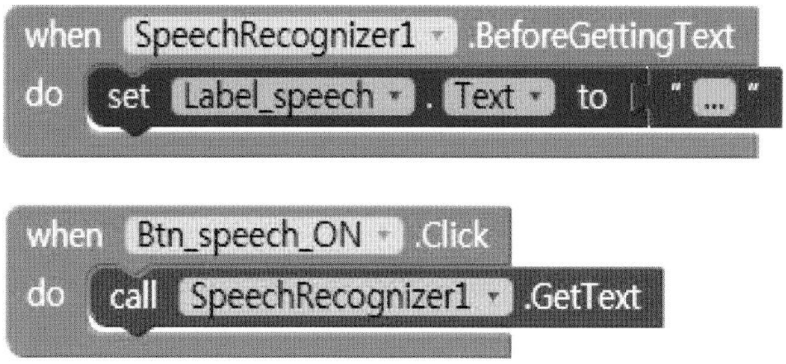

[그림 7.16] 음성인식 명령 블록

09   버튼을 눌러 음성인식 기능을 실행한 뒤 모바일 기기의 마이크에 음성을 입력하면(말을 하면) 음성이 텍스트로 자동 변환됩니다. 이 텍스트가 바로 "SpeechRecognizer.Result"입니다. 이 텍스트를 앱 화면에서 보기 위해 Label_speech에 출력해줍니다. 그리고 아두이노에 연결된 LED가 빨간색이기 때문에 음성 텍스트가 "빨간 불 켜"이면 아두이노의 빨간 LED를 켜고, "빨간 불 꺼"이면 LED를 끄게 하려고 합니다. 앞서 아두이노 코드에서는 블루투스 무선 데이터 값이 1 이면 LED를 켜고, 2 이면 LED를 끄는 동작을 하게 되어 있습니다. 그래서 그림 7.17처럼 if 문을 이용해서 음성의 텍스트를 비교하여 블루투스 무선 데이터를 보내주도록 합니다.

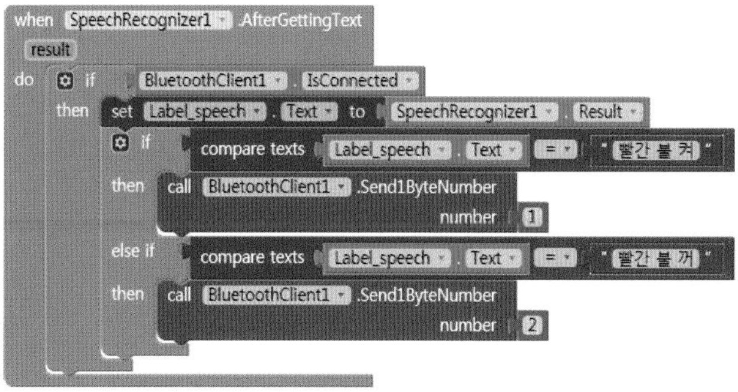

[그림 7.17] 음성인식 데이터 비교 및 블루투스 전송

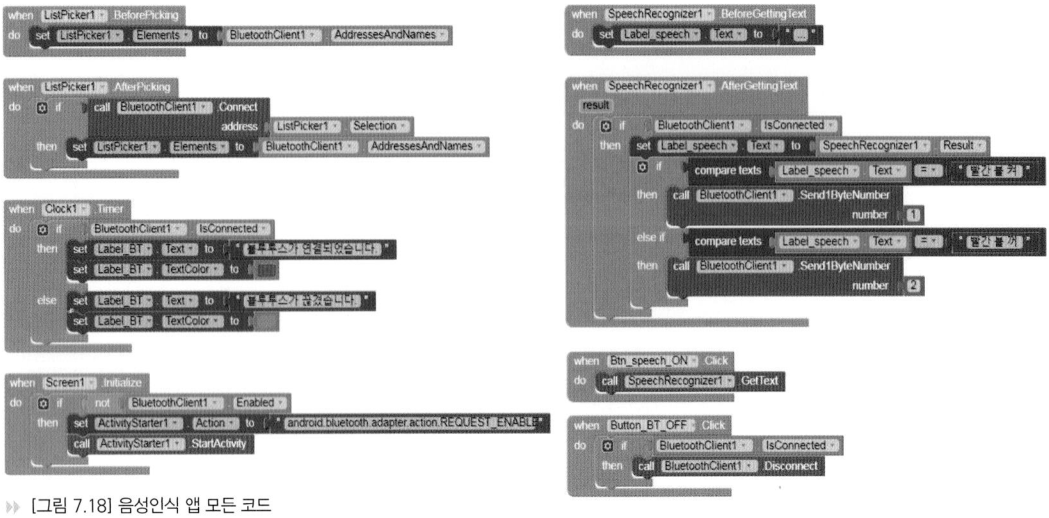

[그림 7.18] 음성인식 앱 모든 코드

10 〈아두이노와 앱 테스트하기〉

이제 모든 앱의 디자인과 코딩이 완료되었습니다. 상단의 Build 메뉴에서 QR코드 띄우기를 하신다면 AI2 Companion으로 QR코드를 스캔하여 앱을 받으시길 바랍니다. 앱을 QR코드로 받는 일련의 과정은 Section 6을 참고하시길 바랍니다.

11 이번 앱은 음성인식을 한글로 하도록 되어있습니다. 그래서 모바일 기기의 설정에 들어가셔서 "언어 설정"이 한국어(한글)로 되어 있게 하셔야 합니다. 반대로 언어설정이 영어로 되어 있을 경우, 앱인벤터에서 "빨간 불 켜" 라는 한글 대신 영어 "red on" 같은 것으로 코딩을 해주어도 똑같이 작동됩니다.

12 아두이노에 코드가 업로드되고 전원이 들어온 상태에서 방금 만든 앱을 실행합니다.
만약 블루투스가 활성화되어 있지 않다면 그림 7.19처럼 블루투스를 활성화할 건지 물어보는 메세지가 나타납니다.

[그림 7.19] 음성인식 앱 첫 화면

13   앱 화면에서 "블루투스 연결하기"를 누르고 HC-06을 선택하여 블루투스 연결이 되도록 합니다.

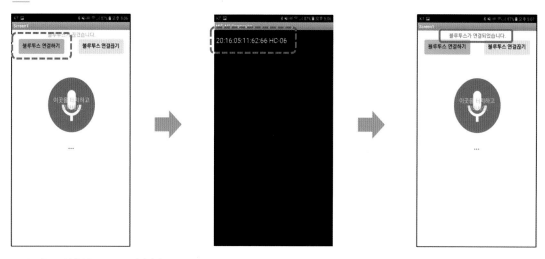

▷▷ [그림 7.20] 블루투스 HC-06 연결하기

14   블루투스 연결이 완료되면 앱의 마이크 모양 버튼을 터치합니다. 그러면 그림 7.21에서 보듯이 안드로이드 음성 인식 메뉴가 나올 겁니다. 이 상태에서 입을 가까이 대서 "빨간 불 켜"를 말하고 2~3초 정도 기다리면 "빨간 불 켜"라는 텍스트가 나타나고 아두이노에 연결된 LED가 켜집니다. 다시 한 번 마이크 모양의 버튼을 터치하여 이번에는 "빨간 불 꺼"라고 말하면 "빨간 불 꺼"라는 텍스트가 출력되면서 아두이노의 LED가 꺼질 겁니다.

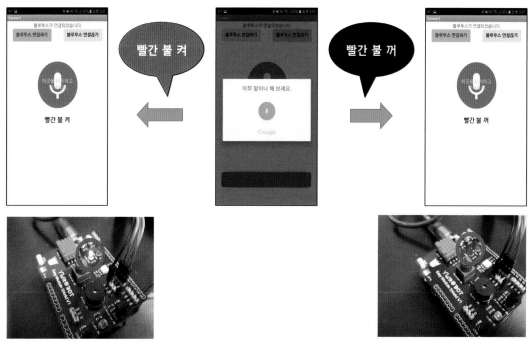

▷▷ [그림 7.21] 음성인식을 해서 LED 켜고 끄기

🖨️ 더 해보기

아두이노에 연결된 이지 모듈 쉴드의 빨간 LED 옆에 파란 LED가 있습니다. 이 파란 LED는 아두이노의 13번 핀에 연결되어 있습니다. 이 파란색 LED를 이용하여 아래의 사항을 포함하는 앱과 아두이노 프로그램을 만들고 실행해보세요.

▶ 앱에서 "파란 불 켜"라고 말하면 이지 모듈 쉴드의 파란 LED가 켜진다. 반대로 "파란 불 꺼"라고 말하면 파란 LED가 꺼진다.

▶ 앱에서 "모든 불 켜"라고 말하면 이지 모듈 쉴드의 빨간 LED와 파란 LED가 모두 켜진다. 반대로 "모든 불 꺼"라고 말하면 두 개의 LED가 모두 꺼진다.

앱으로 센서값 받아보기

지금까지는 모바일 앱에서 아두이노 쪽으로 블루투스 무선 데이터를 전송하는 것만 했다면, 이번 섹션에서는 반대로 아두이노에서 모바일 앱 쪽으로 블루투스 무선 데이터를 전송받는 것을 해보도록 하겠습니다. 기본 동작은 이지 모듈 쉴드에 있는 가변저항 센서값을 앱으로 전송하여 앱 화면에서 숫자로 보여주는 간단한 실습이 되겠습니다.

이제 다음의 준비물을 확인하시고 아두이노와 앱인벤터 실습을 시작하시길 바랍니다.

📇 필요한 준비물

번호	부품 그림	부품명	개수
1		아두이노 우노, USB 케이블	각 1개씩
2		암–암 케이블	4줄
3		블루투스 모듈 (HC–06 or 05)	1개
4		Easy Module Shield V1 (이지 모듈 쉴드 V1)	1개

📇 아두이노와 부품 연결하기

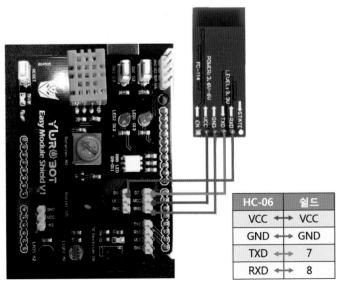

HC-06	쉴드
VCC ←→	VCC
GND ←→	GND
TXD ←→	7
RXD ←→	8

▶▶ [그림 8.5] 아두이노와 부품연결 그림

이지 모듈 쉴드에 그림 8.5와 같이 블루투스 모듈을 연결하세요. 이번에 사용할 센서는 그림 8.6에 표시된 가변저항입니다. 이지 모듈 쉴드에 있는 가변저항은 상단 부분을 손으로 돌리면 저항값이 변합니다. 아두이노에서 가변저항값을 읽으면 0 ~1023의 숫자값으로 나타납니다. 이 숫자값을 앱 화면에 그대로 표시하는 것이 이번 실습의 목표입니다.

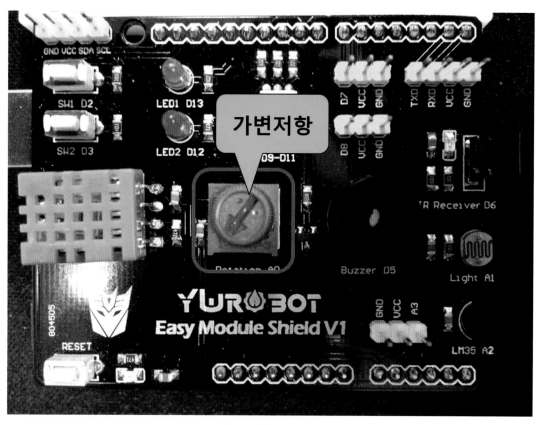

▶▶ [그림 8.6] 이지 모듈 쉴드의 가변저항

이제 아두이노 코딩을 시작하겠습니다. 가변저항값을 읽어서 약간의 처리를 한 다음, 블루투스 무선 송신을 하는 코딩입니다. 다음의 코드를 아두이노에 업로드하면 되겠습니다.

아두이노 코드, section_8_arduino_one_sensor_monitor

```
arduino_one_sensor_monitor
1 #include <SoftwareSerial.h>
2
3 #define POTENTIOMETER_PIN      A0
4 #define BTtx                   7
5 #define BTrx                   8
6
7 SoftwareSerial BT(BTtx, BTrx);
8
9 void setup() {
10     BT.begin(9600);
11 }
12
13 void loop() {
14     byte sendData[3];
15     unsigned int sensorValue = analogRead(POTENTIOMETER_PIN);
16     sendData[0] = 'a';
17     sendData[1] = sensorValue / 256;
18     sendData[2] = sensorValue % 256;
19     if(BT.available() > 0) {
20         byte serialData = BT.read();
21         if(serialData == 49) {
22             for(byte i = 0; i < 3; i++) {
23                 BT.write(sendData[i]);
24             }
25         }
26     }
27 }
```

코드 라인별 설명

- **3:** 이지 모듈 쉴드의 가변저항이 아두이노에 연결된 핀 번호를 정의한 기호상수입니다.
- **4,5:** 블루투스 모듈이 아두이노에 연결된 핀 번호를 정의한 기호상수입니다.
- **14:** 아두이노에서 모바일 앱 쪽으로 보낼 데이터를 저장할 배열입니다.
- **15:** 센서의 상태를 읽는 명령어는 analogRead(핀 번호)입니다. 이 명령어로 읽은 센서값을 sensorValue라는 변수에 저장합니다. 센서값은 0~1023 이므로 부호 없는 unsigned로 설정했습니다.
- **16:** 아두이노에서 앱으로 보내는 데이터의 구조는 ('a')+(센서 상위 8 비트값)+(센서 하위8 비트값)으로 구성될 것입니다. 그래서 이 각각의 값을 배열 sendData에 차례대로 저장해야 합니다. sendData[0] 에는 'a'를 저장합니다.
- **17,18:** sendData[1]에는 센서의 상위8비트값을 저장합니다. SendData[2]에는 센서의 하위 8 비트 값을 저장합니다.

나누기(/) 256을 하는 이유는 2진법이기 때문인데, 우리가 이해하기 쉬운 10진법을 예로 들어 설명하겠습니다. 만약 2자리씩만 숫자를 전송할 수 있을 경우, 네 자릿수(예를 들어 1023 같은 경우)를 전송하는 방법은 2자리씩 나누어 보내는 것이 될 수 있습니다. 그래서 만약 1023을 2자리씩 나누어 보낸다면 1023 / 100 = 10(몫), 1023 % 100 = 23(나머지) 계산을 하여 10(몫)과 23(나머지)을 2번에 걸쳐 전송하면 됩니다. 아두이노에서 데이터를 전송하는 것도 같은 이치이지만 컴퓨터는 2진수를 다루기 때문에 100으로 나누지 않고 256으로 나누는 것입니다.

- **19:** 앱으로부터 아두이노 쪽으로 전송된 데이터가 있다면 이곳이 참이 되어 실행됩니다.
- **20:** 앱에서 아두이노 쪽으로 전송된 데이터를 읽어 변수에 저장합니다.
- **21:** 읽은 데이터가 49이면 이곳이 참이 되어 실행됩니다. 이렇게 하는 이유는 나중에 앱에서 코딩을 할 때 설명을 하겠지만, 아두이노가 센서값을 앱으로 보내도 된다는 허락의 의미로 앱이 49값을 아두이노로 보낸다고 생각하시면 됩니다. 즉, 아두이노에서 측정된 센서값을 무조건적으로 앱으로 보내는 것이 아니라, 앱에서 49라는 데이터를 아두이노로 보내어 허락이 되었다면(아두이노에서 49를 받음) 아두이노가 앱으로 센서값을 보내는 것입니다.

section_8_arduino_one_sensor_monitor 아두이노 코드를 IDE 스케치 창에서 타이핑합니다. 그리고 화살표 버튼을 클릭해서 코드를 아두이노에 업로드 합니다. 코드 업로드가 완료되면 아두이노 단은 모두 완성된 것입니다.

이제 앱인벤터 단으로 넘어가도록 합니다.

앱인벤터로 앱 만들기

❶ 디자인

앱인벤터 홈페이지에 접속하여 Projects ⇒ Start New Project를 클릭하고 프로젝트 이름을 영어로 정하면 앱 디자인을 할 수 있는 화면이 나옵니다. 이번에 만들 앱의 전체 모습은 그림 8.7과 같습니다.

▶▶ [그림 8.7] 센서 모니터링 앱 디자인

상단의 블루투스 이미지를 클릭하여 무선 연결을 완료하면 앱 화면 중앙에 가변저항 센서값이 0 ~ 1023의 범위로 나타납니다. 이지 모듈 쉴드의 가변저항을 손으로 돌리면 앱 화면에 나타나는 숫자 값도 똑같이 변할 겁니다.

이제, 앱 디자인을 다음과 같이 시작해봅시다.

01 디자인 첫 화면에는 항상 Screen1 컴포넌트가 존재합니다. Compenents탭에 있는 Screen1을 선택하여 그림 8.8과 같이 Properties를 설정해줍니다. 이 설정은 앱의 첫 화면에 나타나는 글과 그림이 가운데 위로 정렬되게끔 해줍니다.

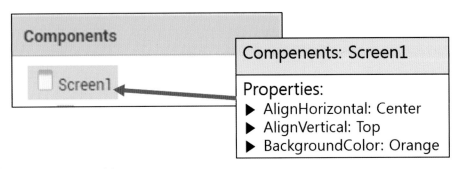

▸▸ [그림 8.8] Screen1 설정

02 블루투스 로고 이미지 하나를 Media탭에서 업로드해줍니다. 인터넷에서 블루투스 로고 이미지를 검색해서 업로드해도 되지만, 그림 8.9에서처럼 저자의 네이버 블로그에 있는 이미지를 다운 받아서 업로드하기를 권합니다.

▸▸ [그림 8.9] 블루투스 로고 이미지 업로드

03 이제 그림 8.10을 보면서 전체적인 디자인의 구조와 색, 글자를 입력합니다. Non-visible components 도 빠짐없이 넣길 바랍니다.

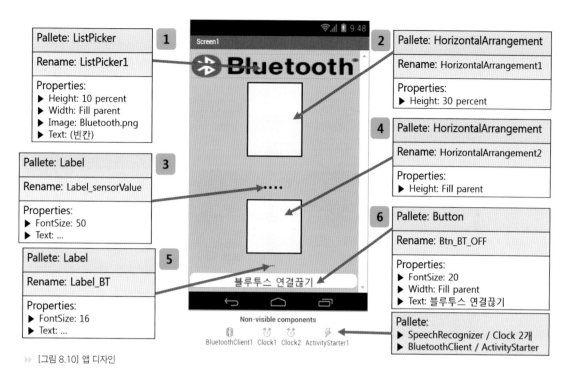

▷▷ [그림 8.10] 앱 디자인

04 Clock1은 기본 설정을 사용하여 매 1초마다 실행되는 기능에 사용될 것이고, Clock2는 그림 8.11에서 처럼 Properties의 TimeInterval을 10으로 바꾸어 매 0.01초마다 실행되는 기능에 사용될 것입니다. 그러면 앱 화면에서 아두이노의 센서값이 0.01초마다 보일 겁니다.

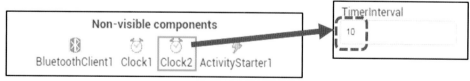

▷▷ [그림 8.11] Clock2 TimeInterval 설정

05

이제 모든 앱 디자인은 끝났고 블록 코딩만 남았습니다.

그림 8.12처럼 블루투스 연결 블록 코딩을 해줍니다. 이 부분은 매 Section마다 항상 나온다고 보시면 됩니다.

▷▷ [그림 8.12] 블루투스 연결 블록 명령어

06

블루투스를 활성화해주는 메세지를 띄우는 명령이 실행되게 그림 8.13처럼 코딩합니다.

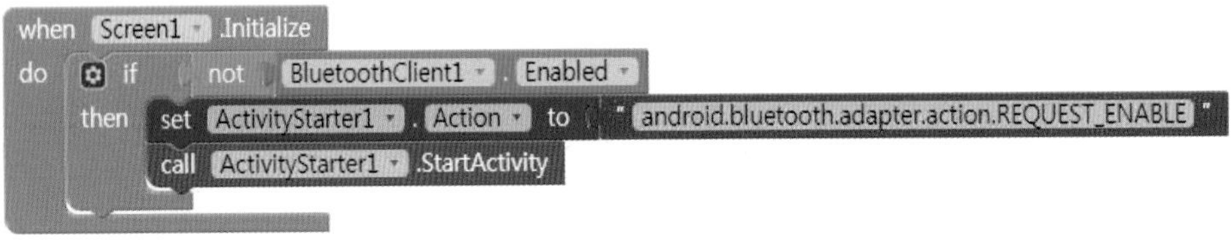

▷▷ [그림 8.13] 블루투스 활성화 Activity 명령어

07

Button_BT_OFF 버튼은 블루투스 연결을 끊는 명령 기능을 하는 것으로 그림 8.14와 같이 만듭니다.

▷▷ [그림 8.14] 블루투스 연결 끊기 블록 명령어

08 블루투스 연결 부분의 명령어는 이제 끝났습니다. 이 앱의 핵심 부분인 아두이노의 센서값을 받아와서 앱 화면에 출력해주는 부분을 만들어 보겠습니다. 센서값 등의 데이터 처리를 위해 몇 가지 변수가 필요한데, 그림 8.15와 같이 4개의 전역 변수를 만들어주세요.

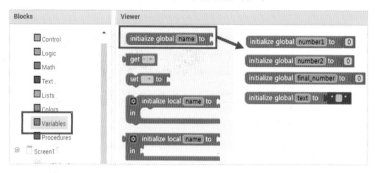

▶▶ [그림 8.15] 전역 변수 4개 만들기

09 이제 아두이노로부터 전송받은 가변저항 센서값을 처리하여 앱 화면에 출력하는 코딩을 해보겠습니다. Clock2.Timer는 0.01초마다 자동실행 되게끔 앞에서 설정해주었습니다. 이 블록은 블루투스가 연결되어 있을 경우 0.01초마다 49라는 숫자값을 아두이노에 보내는 역할을 합니다. 이것은 앱이 아두이노에게 센서값을 보내도 된다는 허락과 같은 의미입니다. 아두이노 코드에서는 if(serialData == 49)라는 구문이 있었습니다. 아두이노가 앱으로부터 받은 숫자값이 49이면 sendData[] 배열에 있는 값들(sendData[0] = 'a', sendData[1] = 센서 상위 8비트값, sendData[2] = 센서 하위 8비트값)이 앱으로 전송(BT.write)되게 해두었습니다. 아두이노가 정상적이라면 sendData[]를 앱으로 보낼 것입니다.

아두이노로부터 전송된 데이터를 앱에서 받았다면(call BluetoothClient1.BytesAvailableToReceive 〉 0) 변수 text에 첫 번째 데이터값(sendData[0] = 'a')을 저장합니다. 그리고 text에 저장된 데이터가 'a'가 맞다면(if global text = "a") 변수 number1에 두 번째 데이터값(sendData[1])에 256을 곱한 결과를 저장합니다. 변수 number2에는 마지막 세 번째 데이터(sendData[2])를 그냥 저장하면 됩니다. 마지막 세 번째 데이터(SendData[2])는 하위 8비트이기 때문에 변수 number2에 그냥 저장하면 됩니다. 이제 변수 final_number에 number1+number2의 결과를 더해주면 가변저항 센서값(0~1023)이 잘 저장될 것입니다. final_number를 Label_sensorValue.text에 출력해주면 앱 화면에 센서값이 나타나게 됩니다.

▶▶ [그림 8.16] 센서값 처리 및 화면 출력

256을 곱하는 이유는 2진수에서 8비트 상위로 자리 올림을 하는 것과 같기 때문입니다. 예를 들어 입력받은 센서값이 1023이라면 두 번째 받은 데이터는 1023중의 "10" 윗자리입니다. 이것의 반대 동작이 아두이노 라인별 코드 설명 17,18에 나와 있습니다. 이 부분을 꼭 다시 읽어 보시길 바랍니다.

10 모든 코딩이 끝났습니다. 혹시 빠진 코딩이 없는지 그림 8.17을 보시면서 확인해보시길 바랍니다.

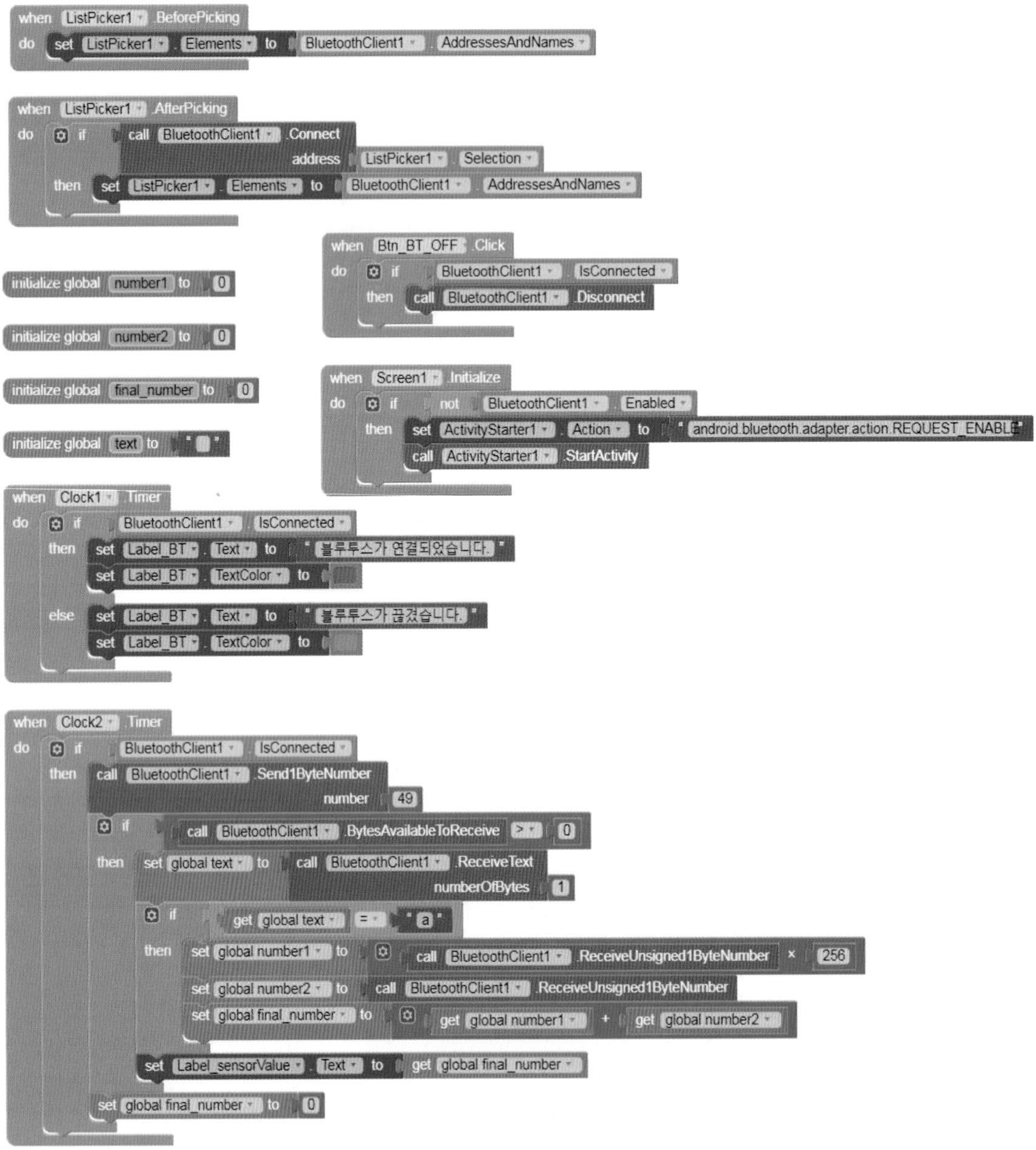

▶▶ [그림 8.17] 센서 모니터링 앱 전체 코드

11

〈아두이노와 앱 테스트하기〉

모든 앱의 디자인과 코딩이 완료되었습니다. 상단의 Build 메뉴에서 QR코드 띄우기를 하신다면 AI2 Companion으로 QR코드를 스캔하여 앱을 받으시길 바랍니다. 앱을 QR코드로 받는 일련의 과정은 Section 6을 참고하시길 바랍니다.

▶▶ [그림 8.18] 센서 모니터링 앱 첫 화면

12

앱 상단 화면의 블루투스 로고 이미지를 터치하고 HC-06을 선택하여 블루투스를 연결합니다.

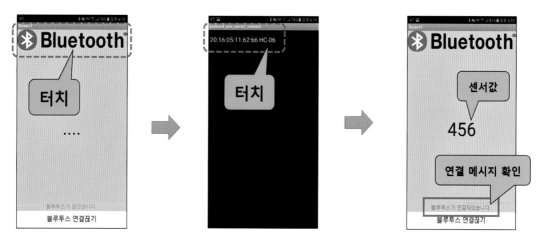

▶▶ [그림 8.19] 블루투스 HC-06 연결하기

13　앱 화면의 가운데에 센서값이 나오게 되면 정상 작동하는 것입니다. 이지 모듈 쉴드의 가변저항을 좌, 우 방향으로 돌려보세요. 센서값이 0 ~ 1023으로 잘 변하면 성공하신 겁니다.

🛒 더 해보기

이지 모듈 쉴드의 가변 저항 센서값이 1000 이상이면 앱 전체 화면의 색깔이 빨간색으로 변하고, 1000 이하면 녹색으로 바뀌게 만들어보세요.

슬라이더로 LED밝기와 서보모터 제어하기

앱인벤터에서 버튼은 on, off 두 가지 상태만 나타낼 수 있었지만 슬라이더를 이용하면 여러 가지 상태를 표현할 수 있습니다. 이번 실습에서는 슬라이더를 이용해 아두이노에 연결된 LED의 밝기 상태와 서보모터의 각도를 제어해 보겠습니다.

이제 다음의 준비물을 확인하시고 아두이노와 앱인벤터 실습을 시작하시길 바랍니다.

필요한 준비물

번호	부품 그림	부품명	개수
1		아두이노 우노, USB 케이블	각 1개씩
2		암-암 케이블	4줄
3		블루투스 모듈 (HC-06 or 05)	1개
4		Easy Module Shield V1 (이지 모듈 쉴드 V1)	1개
5		서보모터 (SG90)	1개

아두이노와 부품 연결하기

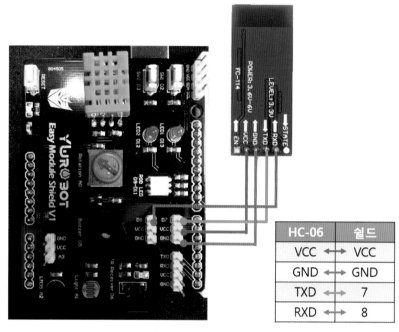

HC-06		쉴드
VCC	⟷	VCC
GND	⟷	GND
TXD	⟷	7
RXD	⟷	8

▷▷ [그림 9.6] 아두이노와 블루투스 연결하기

이지 모듈 쉴드에 그림 9.6과 같이 블루투스 모듈을 연결하세요. 그리고 그림 9.7을 보시면서 서보모터(SG90)를 이지 모듈 쉴드에 연결해주세요. 서보모터의 전선 색깔을 어디에 연결하는지 잘 관찰하시고 연결하시길 바랍니다.

서보모터 전선 색깔을 잘 보시고 똑같이 꽂으세요.

서보모터		쉴드
빨간선	⟷	VCC
갈색선	⟷	GND
노란선		A3

아두이노 코딩을 시작하겠습니다. 모바일 앱으로부터 전송된 슬라이더 위치값을 아두이노에서 받아서 LED밝기와 서보모터의 각도를 조절하는 코드입니다. 다음의 코드를 아두이노에 업로드 하면 되겠습니다.

🚂 아두이노 코드, section_9_arduino_slider_led_servo

```
section9_arduino_slider_led_servo
1  #include <SoftwareSerial.h>
2  #include <Servo.h>
3
4  #define RGB_BLUE_PIN    11
5  #define SERVO_PIN       A3
6  #define BTtx            7
7  #define BTrx            8
8
9  SoftwareSerial BT(BTtx, BTrx);
10 Servo myServo;
11
12 void setup() {
13     BT.begin(9600);
14     Serial.begin(9600);
15     myServo.attach(SERVO_PIN);
16 }
18 void loop() {
19     if(BT.available() >= 2) {
20         unsigned int data1 = BT.read();
21         unsigned int data2 = BT.read();
22         unsigned int final_data = data1 + (data2 * 256);
23         Serial.println(final_data);
24         if(final_data >= 1000 && final_data <= 1255) {
25             analogWrite(RGB_BLUE_PIN, final_data - 1000);
26         }
27         else if(final_data >= 2000 && final_data <= 2180) {
28             myServo.write(final_data - 2000);
29         }
30     }
31 }
```

코드 라인별 설명

- **2:** 서보모터를 제어하는 데에 필요한 명령어를 사용하기 위해 Servo.h 라이브러리를 추가합니다.
- **4,5:** 이지 모듈 쉴드에 장착된 RGB LED의 파란색을 제어하는 핀 번호와 서보모터를 연결한 핀 번호를 정의한 기호상수입니다.
- **6,7:** 블루투스 모듈이 아두이노에 연결된 핀 번호를 정의한 기호상수입니다.
- **10:** 서보모터를 제어하기 위해 필요한 객체입니다.
- **15:** 서보모터를 사용할 수 있게 설정하는 명령어입니다.
- **19:** 앱에서 아두이노로 전송할 데이터는 2 바이트이기 때문에 아두이노에서 BT.available() 〉 2 로 하여 2바이트를 전송받았을 때만 이 부분이 참이 되어 실행됩니다.

- **20~22:** section 8에서와 설명한 것과 같이, 1바이트씩 입력된 데이터를 읽어(BT.read) 2진수 자리올림을 하여서 두 개의 데이터를 합쳐 하나의 완전한 수를 만듭니다.

- **24,25:** 입력받은 데이터가 1000 ~ 1255 값이면 앱에서 LED 슬라이더를 제어한 것으로 간주하여 RGB LED의 파란색 밝기를 제어하는 명령어를 실행합니다. 여기에서 analogWrite(핀 번호, 조절값) 라는 명령어는 부품이 연결된 핀 번호로 조절값(0~255)을 이용해 PWM전기 신호를 발생시켜줍니다. PWM은 디지털 출력의 전체적인 비율을 조절해서 마치 아날로그적인 출력을 하는 효과를 내게 하는 방법입니다(PWM에 대한 더 상세한 내용은 인터넷에서 "PWM이란?"으로 검색하시면 나옵니다).

- **27,28:** 입력받은 데이터가 2000 ~ 2180 값이면 앱에서 서보모터 슬라이더를 제어한 것으로 간주하여 서보모터 각도를 제어하는 명령어를 실행합니다. myServo.write(각도값)는 각도값(0~180)으로 서보모터를 움직여주는 명령어입니다. 서보모터(SG90)는 0도~180도로만 제어가 가능합니다.

section_9_arduino_slider_led_servo 아두이노 코드를 IDE 스케치 창에서 타이핑합니다. 그리고 화살표 버튼을 클릭해서 코드를 아두이노에 업로드합니다. 코드 업로드가 완료되면 아두이노 단은 모두 완성된 것입니다. 이제 앱인벤터 단으로 넘어가도록 합니다.

앱인벤터로 앱 만들기

❶ 디자인

앱인벤터 홈페이지에 접속하여 Projects ⇒ Start New Project를 클릭하고 프로젝트 이름을 영어로 정하면 앱 디자인을 할 수 있는 화면이 나옵니다. 이번에 만들 앱의 전체 모습은 그림 9.8과 같습니다.

▶▶ [그림 9.8] LED, 서보모터 제어 앱 디자인

위 앱의 작동방법은 다음과 같습니다. 앱 화면에서 LED 슬라이더를 좌우로 움직이면 이지 모듈 쉴드의 RGB LED의 파란색의 밝기가 조절되고, 서보모터 슬라이더를 좌우로 움직이면 이지 모듈 쉴드에 연결된 서보모터의 각도가 조절될 것입니다.

이제, 앱 디자인을 다음과 같이 시작해봅시다.

01 디자인 첫 화면에 있는 Screen1 컴포넌트의 Properties중 AlignHorizontal의 값을 Center로, AlignVertical 의 값을 Top으로, BackgroundColor를 Cyan으로, Scrollable을 체크해주세요. Scrollable은 앱 디자인 화면에 요소들이 너무 많아서 복잡해질 때 위·아래 방향으로 스크롤을 만들어주는 기능입니다.

02 그림 9.9, 9.10, 9.11을 보면서 전체적인 디자인의 구조와 색, 글자를 입력합니다. Non-visible components 도 빠짐없이 넣길 바랍니다.

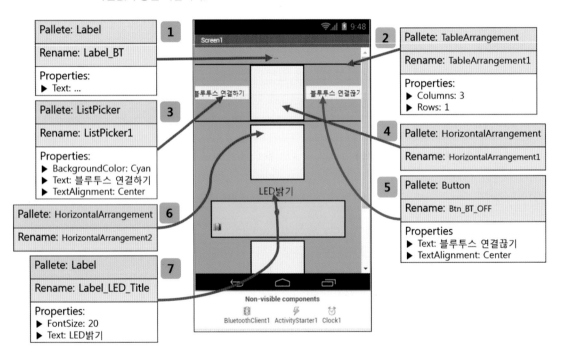

▶▶ [그림 9.9] 앱 디자인1

03 여러 요소들이 세로로 쌓이는 디자인이기 때문에 Screen에 자동으로 스크롤이 생길 겁니다. 앞서 Screen1의 Properties에서 Scrollable을 체크한 경우, 스크롤을 내리면 그림 9.10과 같이 계속 디자인 할 수 있습니다.

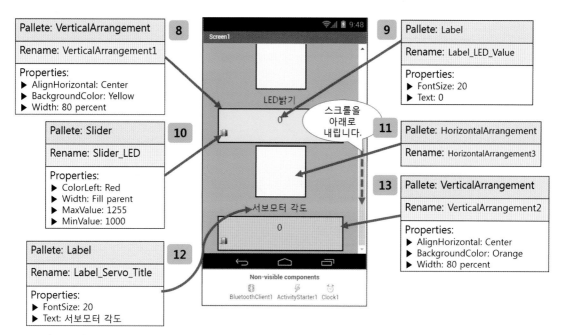

▶▶ [그림 9.10] 앱 디자인2

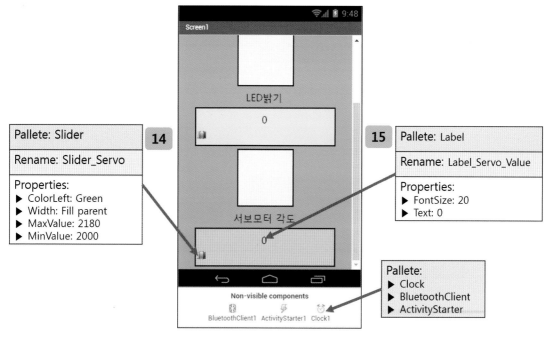

▶▶ [그림 9.11][앱 디자인3

04 모든 앱 디자인이 끝나고 블록 코딩만 남았습니다. 그림 9.12처럼 블루투스 연결 블록 코딩을 해줍니다.

when ListPicker1 .BeforePicking
do set ListPicker1 . Elements to BluetoothClient1 . AddressesAndNames
when ListPicker1 .AfterPicking
do if call BluetoothClient1 .Connect
address ListPicker1 . Selection
then set ListPicker1 . Elements to BluetoothClient1 . AddressesAndNames
when Clock1 .Timer
do if BluetoothClient1 . IsConnected
then set Label_BT . Text to " 블루투스가 연결되었습니다. "
set Label_BT . TextColor to
else set Label_BT . Text to " 블루투스가 끊겼습니다. "
set Label_BT . TextColor to

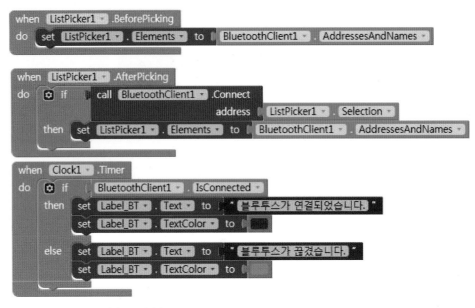

[그림 9.12] 블루투스 연결 블록 명령어

05 블루투스를 활성화해주는 메세지를 띄우는 명령이 실행되게 그림 9.13처럼 코딩합니다.

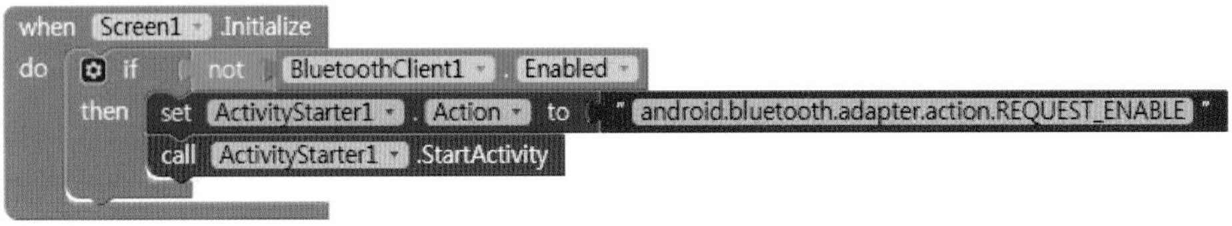

when Screen1 .Initialize
do if not BluetoothClient1 . Enabled
then set ActivityStarter1 . Action to " android.bluetooth.adapter.action.REQUEST_ENABLE "
call ActivityStarter1 .StartActivity

[그림 9.13] 블루투스 활성화 Activity 명령어

06 Button_BT_OFF 버튼은 블루투스 연결을 끊는 명령 기능을 하는 것으로 그림 9.14와 같이 만듭니다.

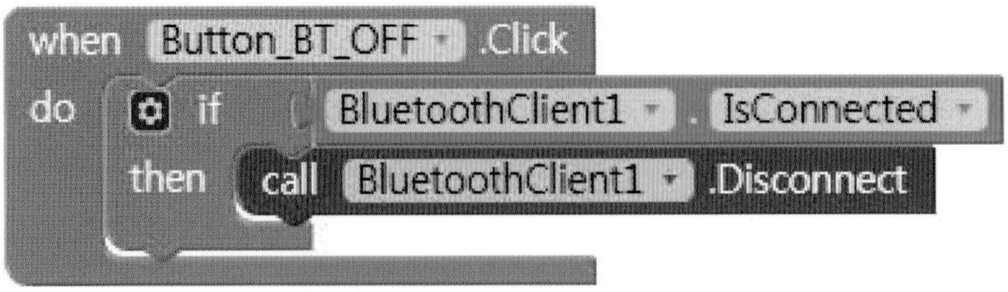

when Button_BT_OFF .Click
do if BluetoothClient1 . IsConnected
then call BluetoothClient1 .Disconnect

[그림 9.14] 블루투스 연결 끊기 블록 명령어

07 블루투스 연결 부분의 명령어 코딩이 끝났습니다. 이제 이 앱의 핵심 부분인 슬라이더 제어 코딩 부분입니다. Slider.PositionChanged는 손으로 슬라이더를 조절할 때마다 실행되는 블록 명령어입니다. LED 슬라이더의 최소값 1000, 최대값 1255에서 1000자리는 아두이노에게 LED 슬라이더라는 것을 알려주는 역할을 하며 나머지 0 ~ 255는 analogWrite 명령어의 밝기조절 부분에 사용됩니다. LED슬라이더의 이러한 값은 ThumPosition에 저장되어 있습니다. 블루투스 명령어를 이용해 이 Thumposition을 아두이노로 전송(2바이트)하게 됩니다. 앱 화면에도 LED 밝기 숫자값이 나타나게 Label_LED_Value.Text에 −1000을 해줘서 출력해 줍니다. round는 반올림 명령으로써 ThumPosition이 소수점 있는 수로 나타나기 때문에 정수로 만들기 위해 사용됩니다.

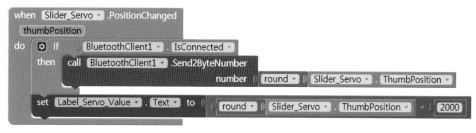

▶▶ [그림 9.15] LED 슬라이더 코딩

08 서보모터 슬라이더에도 PositionChanged 블록을 가져옵니다. LED와 코드가 비슷하지만 마지막에 −2000을 해서 Text를 출력한다는 점이 다릅니다. 서보모터 슬라이더의 값은 2000 ~ 2180으로써, 2000이라는 자릿수는 아두이노에게 서보모터 슬라이더라는 것을 알리는 역할을 하며 0 ~ 180은 서보모터 각도를 조절하는 데에 사용됩니다.

```
when  Slider_Servo ▾ .PositionChanged
  thumbPosition
do   ⚙ if      BluetoothClient1 ▾ . IsConnected ▾
     then   call  BluetoothClient1 ▾ .Send2ByteNumber
                        number   round ▾   Slider_Servo ▾ . ThumbPosition ▾
           set  Label_Servo_Value ▾ . Text ▾  to   round ▾   Slider_Servo ▾ . ThumbPosition ▾  -  2000
```

▶▶ [그림 9.16] 서보모터 슬라이더 코딩

모든 코딩이 끝났습니다. 혹시 빠진 코딩이 없는지 그림 9.17을 보시면서 확인해보시길 바랍니다.

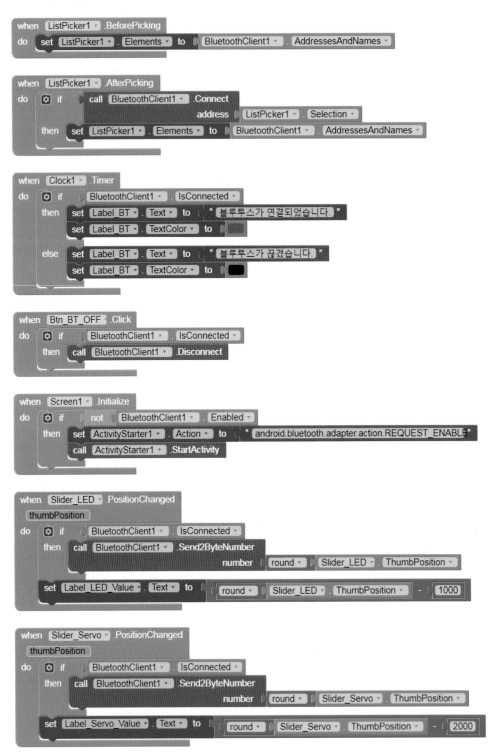

▶▶ [그림 9.17] 슬라이더 앱 전체 코드

10

〈아두이노와 앱 테스트하기〉

이제 모든 앱의 디자인과 코딩이 완료되었습니다. 상단의 Build 메뉴에서 QR코드 띄우기를 하신다면 AI2 Companion으로 QR코드를 스캔하여 앱을 받으시길 바랍니다. 앱을 QR코드로 받는 일련의 과정은 Section 6을 참고하세요.

▷▷ [그림 9.18] 슬라이더 앱 첫 화면

11

블루투스 연결을 한 뒤 앱 화면 가운데에 있는 슬라이더 바를 좌우로 움직여보세요. 이지 모듈 쉴드에 있는 RGB LED의 파란색 밝기가 조절되고, 서보모터가 좌우로 움직이면 실습에 성공하신 겁니다.

▷▷ [그림 9.19][슬라이더 앱 사용 모습

🔧 더 해보기

방금 제어했던 LED와 서보모터를 슬라이더가 아닌 버튼으로 제어해봅시다. 예를 들어 LED의 밝기를 3단계로 나누어 버튼 3개를 이용해 제어하기, 버튼 5개를 이용해서 서보모터의 각도 조절을 5단계로 나누어 제어하는 작품을 만들어보세요.

블루투스 통신을 이용한 아두이노와 앱인벤터 연동 심화 프로젝트

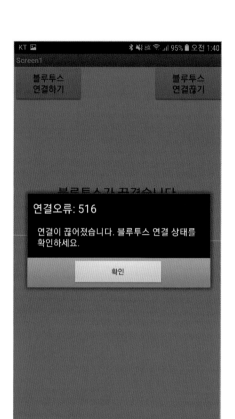

일상생활에서 사용하는 전자 기기는 오류가 발생하면 기기에서 에러 메세지를 띄워주게 되어 있습니다. 우리가 지금까지 실습했던 아두이노와 안드로이드 앱 간의 블루투스 무선 통신도 중간에 통신 에러가 발생할 수 있습니다. 아두이노의 전원이 꺼지거나 블루투스 모듈의 전선 연결이 헐거워져 통신이 끊길 수도 있고, 모바일 기기의 블루투스 연결이 비활성화된 상태여서 연결이 되지 않을 때도 있습니다. 이때 우리가 만든 앱에 적절한 에러 메세지를 띄워주고 비정상적인 블루투스 접속 시도를 차단해야 합니다. 그런 블루투스 통신 에러를 처리하는 것을 이번 시간에 만들어보도록 하겠습니다.

사실 통신 에러 처리를 하는 이 부분은 이 책에서 다루는 모든 앱에 들어가는 것이 맞지만, 각 섹션에서 핵심적으로 하려고 하는 내용에 더 집중하기 위해 생략되었습니다. 이 통신 에러 처리부분을 공부하시고 본인이 만든 앱에는 계속적으로 활용하시길 바랍니다. 이 책에서 다루는 다른 섹션의 실습에서는 통신 에러 처리를 생략했습니다.

필요한 준비물

번호	부품 그림	부품명	개수
1		아두이노 우노, USB 케이블	각 1개씩
2		암–암 케이블	4줄
3		블루투스 모듈 (HC–06 or 05)	1개
4		Easy Module Shield V1 (이지 모듈 쉴드 V1)	1개

아두이노와 부품 연결하기

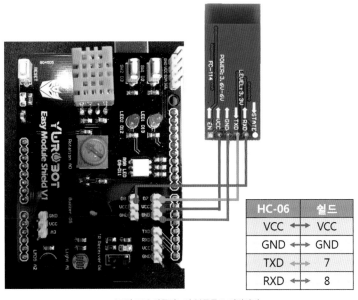

HC-06	쉴드
VCC ←→	VCC
GND ←→	GND
TXD ←→	7
RXD ←→	8

▶▶ [그림 10.] 아두이노와 블루투스 연결하기

이지 모듈 쉴드에 그림 10.5와 같이 블루투스 모듈을 연결하세요. 이번 실습에서는 추가적인 하드웨어 연결이 없습니다. 그리고 아두이노 코드도 따로 필요 없습니다. 앱에서 아두이노에 블루투스 연결만 하면 되기 때문입니다. 이제 앱인벤터로 가서 앱을 만들어 보겠습니다.

앱인벤터로 앱 만들기

❶ 디자인

앱인벤터 홈페이지에 접속하여 Projects ⇒ Start New Project를 클릭하고 프로젝트 이름을 영어로 정하면 앱 디자인을 할 수 있는 화면이 나옵니다. 이번에 만들 앱의 전체 모습은 그림 10.6과 같습니다.

▶▶ [그림 10.6] 앱 디자인

위 앱의 작동방법은 아주 간단합니다. 블루투스 연결하기, 연결 끊기 버튼으로 블루투스 연결을 제어하면 화면 가운데에 연결 메세지가 나타납니다. 이번 실습에서 만드는 앱은 통신 에러 메세지 처리가 핵심이기 때문에 별 다른 기능은 없습니다.

이제, 앱 디자인을 다음과 같이 시작해봅시다.

01 디자인 첫 화면에 있는 Screen1 컴포넌트의 Properties중 AlignHorizontal의 값을 Center로, AlignVertical 의 값을 Top으로 설정해주세요. 그리고 그림 10.7을 보면서 전체적인 디자인의 구조와 색, 글자를 입력 합니다. Non-visible components도 빠짐없이 넣길 바랍니다.

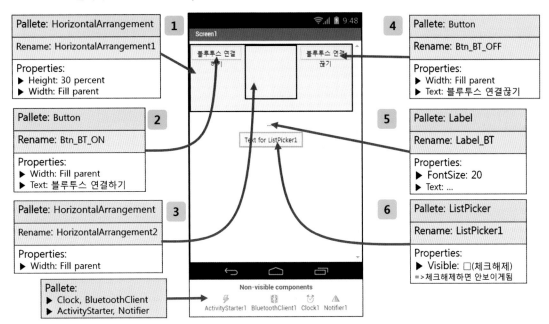

▶▶ [그림 10.7] 앱 디자인

02 지금까지는 ListPicker를 버튼처럼 보이게 해줬지만 이번 앱에서는 Visible 체크를 해제하여 보이지 않 게 하려고 합니다. ListPicker는 블루투스 연결을 하는 부분에만 관여하고, "블루투스 연결하기"는 버튼 으로 실행될 예정입니다.

03 모든 앱 디자인이 끝났으니 블록 코딩을 시작하겠습니다. 블루투스를 연결할 때와 끊을 때 작동되어야 할 명령어를 프로시저(procedure)로 묶어서 실행되게 하려고 합니다. 프로시저는 함수 기능을 하는 것으로써 그림 10.8과 같이 만들면 됩니다.

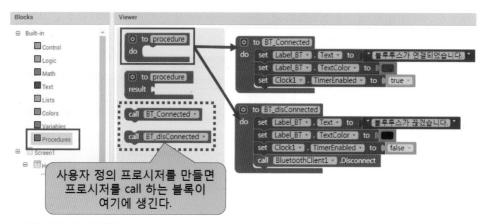

>> [그림 10.8] 프로시저 만들기

04 BT_Connected는 블루투스가 연결되었을 때 실행할 프로시저입니다. 여기서는 Label_BT에 메세지를 출력하고 Clock의 타이머 기능(1초마다 실행)이 활성화되도록 해주었습니다.
BT_disConnected는 블루투스가 끊겼을 때 실행할 프로시저입니다. 마찬가지로 Label_BT에 메세지를 출력하고 Clock의 타이머 기능이 비활성화되면서 블루투스 연결이 끊기게(Disconnect) 하는 명령어를 추가했습니다.

05 ListPicker와 Screen1.Initialize 코드는 이전의 실습들과 같습니다. 다만 이번에는 ListPicker를 직접 터치하지 않고 나중에 버튼을 누르면 ListPicker가 작동되게 하겠습니다.

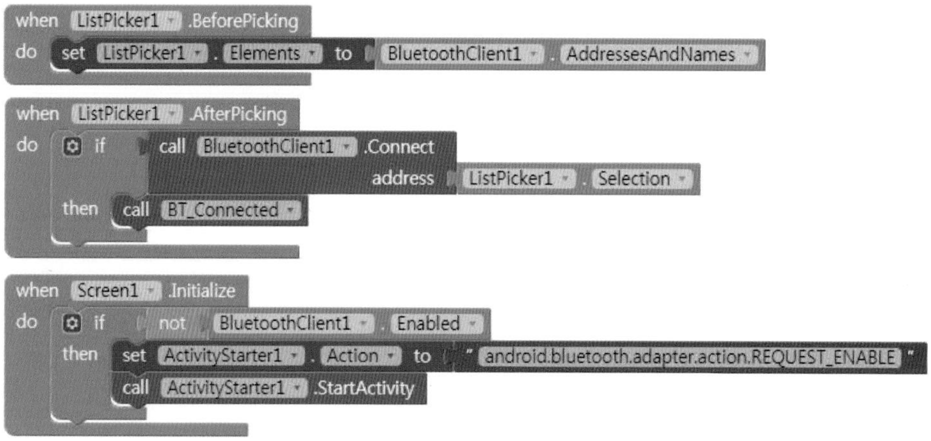

>> [그림 10.9] 블루투스 연결 ListPicker 및 ActivityStarter 명령어

06 Clock1.Timer는 1초마다 실행됩니다. 블루투스가 연결되어 있다면 앱에서 아두이노 쪽으로 1초마다 "0"
을 보냅니다. 그러면 앱이 아두이노로부터 전달된 데이터를 1초마다 읽습니다. 실제로 아두이노에는 아
무런 코드가 없지만 앱 쪽에서 이렇게 데이터를 주고받는 실행을 하는 이유는 블루투스 통신 연결뿐만
아니라 실제 데이터가 송수신되는 상황을 가정하기 위해서입니다. 만약 블루투스가 연결되어 있지 않
다면 BT_disConnected 프로시저를 실행합니다.

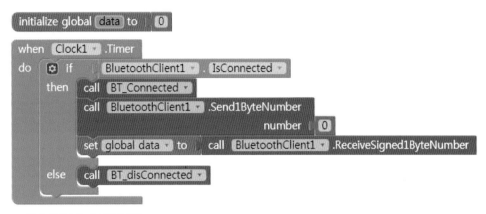

▸▸ [그림 10.10] Clock 타이머 실행

07 앱 첫 화면에서 모바일 기기의 뒤로 가기 버튼을 누르면 앱을 종료할지 묻는 메세지를 그림 10.11처럼
출력해줍시다.

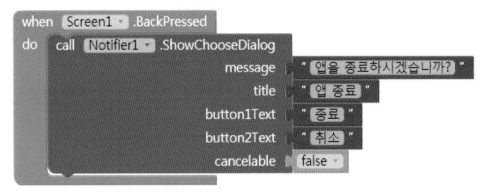

▸▸ [그림 10.11] 앱 종료 명령

08 "블루투스 연결하기" 버튼을 누르면 ListPicker가 실행되어 블루투스를 선택하여 연결할 수 있게 코딩합니다. 만약 블루투스가 비활성화 되어 있으면 "설정으로 가서 블루투스를 활성화 해주세요"라는 메세지를 띄우는 것까지만 코딩합니다. 메세지에서 "설정가기"를 누르면 안드로이드 설정창이 열리는 기능은 조금 후에 만들어 보겠습니다.

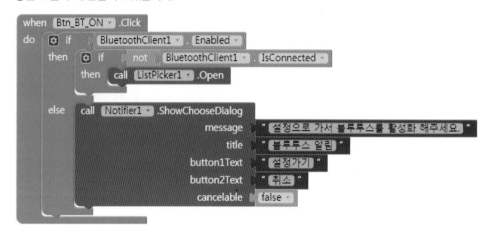

▶▶ [그림 10.12] 블루투스 연결하기 코딩

09 "블루투스 연결끊기" 버튼은 블루투스가 활성화되지 않았을 경우 따로 메세지를 띄우는 기능을 합니다. 블루투스가 활성화되었을 경우에는 블루투스가 연결되었는지 여부를 따져서 적절한 메세지를 띄웁니다. 그림 10.13을 보고 코딩해주세요.

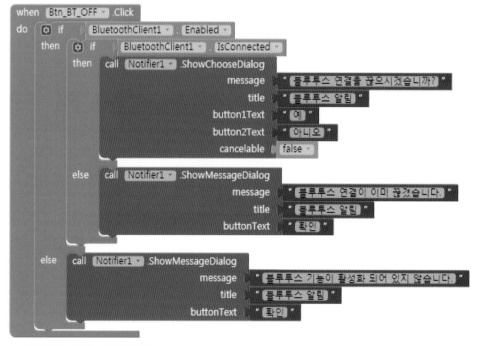

▶▶ [그림 10.13] 블루투스 연결끊기 코딩

10

이제 사용자가 Notifier 메세지의 몇 가지 선택사항을 눌렀을 때 실행될 기능을 만들어야 합니다. 첫 번째로 "블루투스 연결을 끊으시겠습니까?" 라는 메세지에 "예"를 선택할 경우에는 블루투스를 끊는 명령과 BT_disConnected 프로시저를 실행해줍니다.

두 번째로 "설정으로 가서 블루투스를 활성화해주세요." 라는 메세지에 "설정가기"를 선택할 경우 안드로이드의 설정창을 열어주는 기능을 코딩합니다. 이것은 ActivityStarter를 사용하여야 합니다.

마지막 세 번째로, "앱을 종료하시겠습니까?" 라는 메세지에 "종료"를 선택할 경우 앱 종료 명령어인 close application(이것은 control(제어)에 있습니다.) 명령블록을 실행해줍니다.

Notifier.AfterChoosing에서 사용자가 메세지의 선택 버튼("확인", "취소"와 같은) 중 하나를 누르면 "choice"라는 변수에 선택한 결과가 저장된다는 것을 기억하세요. 이 모든 사항을 그림 10.14와 같이 코딩을 해주세요.

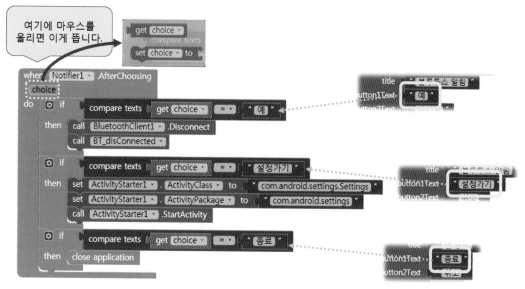

▷▷ [그림 10.14] 메세지 선택 처리 코드

11 이 실습의 핵심인 통신 에러 처리 부분입니다. 블루투스 연동에 문제가 생기면 Screen1.ErrorOccured가 실행됩니다. 에러의 상황은 아두이노의 전원꺼짐, 모바일 기기의 블루투스 비활성화 등이 있을 수 있습니다.

먼저, 아두이노의 전원이 꺼져서 HC-06 블루투스 모듈이 비활성화된다면, 또는 아두이노의 전원이 꺼진 상태에서 모바일 기기로 HC-06 모듈에 연결을 시도하려 한다면 Screen1.ErrorOccured의 변수 errorNumber값이 507이 됩니다. 이때는 "디바이스 전원을 확인하세요."라는 메세지를 출력해줍니다. 모바일 기기의 블루투스가 갑자기 비활성화되는 경우의 에러는 errorNumber값이 516이 됩니다. 이때는 "블루투스 연결 상태를 확인하세요." 메세지를 출력해줍니다. 그 외의 에러에는 자동으로 생성되는 에러 message 변수와 errorNumber 변수를 이용해서 적절하게 출력해주는 코딩을 합니다. 이 모든 내용에 대한 코딩이 그림 10.15에 나와 있습니다.

▶▶ [그림 10.15] 블루투스 통신 에러 처리 코드

12 이제 모든 코딩이 끝났습니다. 혹시 빠진 코딩이 없는지 그림 10.16~10.19을 보시면서 확인해보시길 바랍니다.

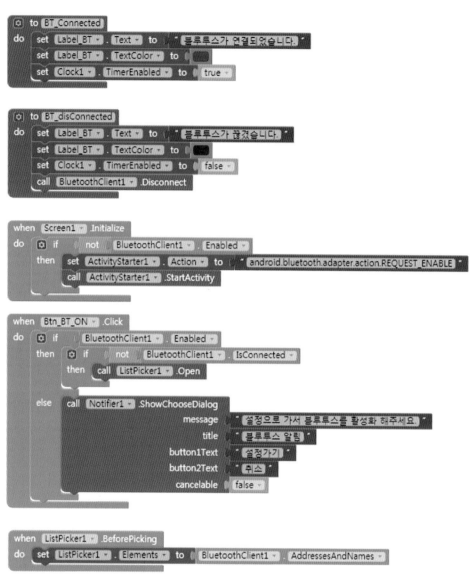

▷▷ [그림 10.16] 앱 전체 코드 1

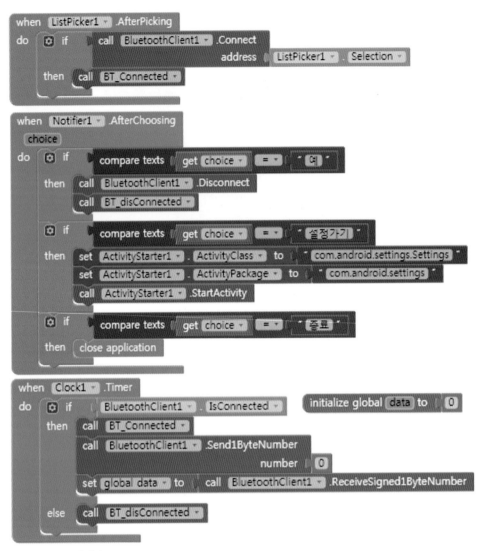

▶▶ [그림 10.17] 앱 전체 코드 2

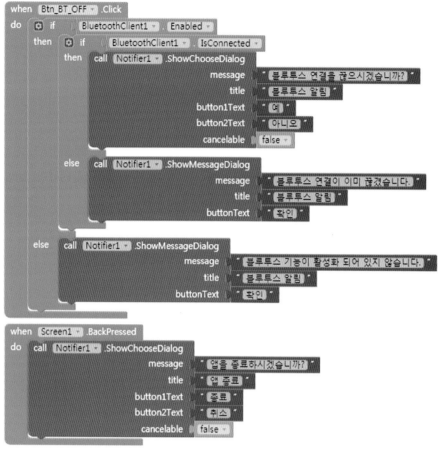

▸▸ [그림 10.18] 앱 전체 코드 3

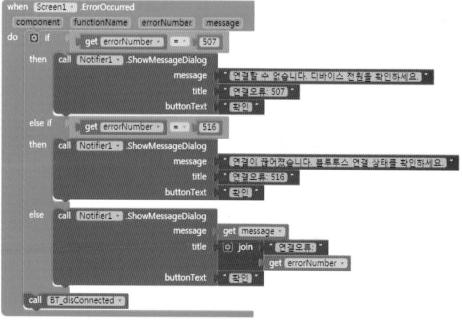

▸▸ [그림 10.19] 앱 전체 코드 4

13 〈아두이노와 앱 테스트하기〉

모든 앱의 디자인과 코딩이 끝났습니다. 상단의 Build 메뉴에서 QR코드 띄우기를 하신다면 AI2 Companion으로 QR코드를 스캔하여 앱을 받으시길 바랍니다. 앱을 QR코드로 받는 일련의 과정은 Section 6을 참고하시길 바랍니다.

14 우리가 만든 앱이 잘 작동하는지를 확인하려면 여러 가지 에러 상황을 발생시켜야 합니다. 다음의 절차를 똑같이 해보시면서 앱이 잘 작동하는지 테스트해보세요. 앱을 실행시키셨다면 그림 10.20과 같이 작동시켜보세요.

▸▸ [그림 10.20] 실행해 보기 1

15 다음에는 그림 10.21처럼 블루투스 연결을 해주세요.

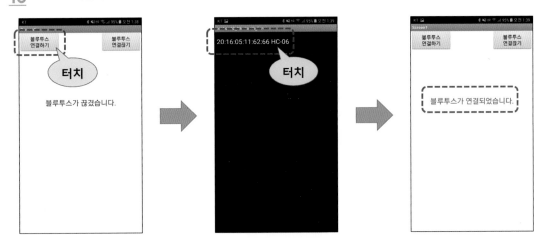

▸▸ [그림 10.21] 실행해 보기 2

16 블루투스가 연결되었다면, "블루투스 연결끊기" 버튼을 눌러서 그림 10.22처럼 메세지가 잘 뜨는지 확인하세요.

▷▷ [그림 10.22] 실행해 보기 3

17 이번에는 강제로 블루투스를 비활성화해주세요. 그 상태에서 그림 10.23처럼 해보면서 실행이 잘 되는지 확인해보세요.

▷▷ [그림 10.23] 실행해 보기 4

18 모바일 블루투스가 활성화되었다면, 다시 한 번 아두이노와 앱을 블루투스로 연결해주세요. 그리고 그림 10.24와 같은 에러 메세지가 뜨는지 확인해보세요.

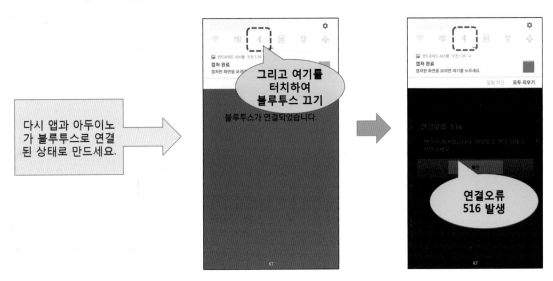

▸▸ [그림 10.24] 실행해 보기 5

19 마지막으로 그림 10.25와 같이 해보셔서 연결오류 507이 발생하는지 테스트해보세요.

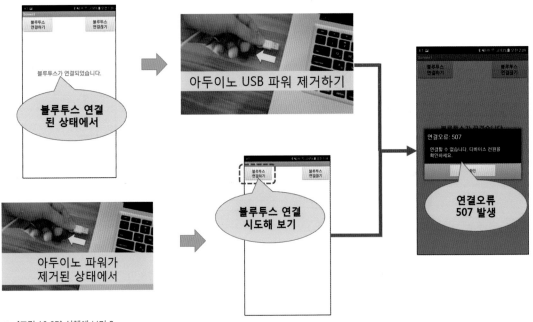

▸▸ [그림 10.25] 실행해 보기 6

더 해보기

이번 섹션에서 만든 블루투스 연결 에러 외에 또 어떤 에러가 있을 수 있을까요? 아두이노와 안드로이드 앱의 블루투스 통신 프로세스에서 발생할 수 있는 에러에 대해서 더 조사해 보고 그것을 처리해주는 코딩을 해보세요.

온도와 습도 모니터링 앱

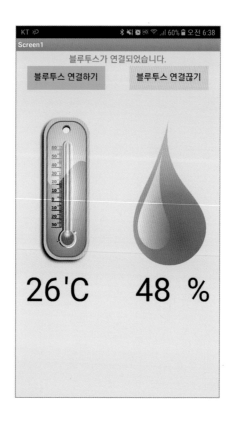

Section 8에서 하나의 센서값을 아두이노로부터 받아서 앱 화면에 표시해보았습니다. 이번 섹션에서는 온도와 습도 센서값을 받아서 앱 화면에 표시하는 것을 해보겠습니다. 이렇게 2개의 입력값을 모니터링 하는 앱을 해보시면 3개 이상의 여러 센서값을 받아서 응용하실 수 있을 겁니다. 이제 다음의 준비물을 확인하시고 아두이노와 앱인벤터 실습을 시작하시길 바랍니다.

필요한 준비물

번호	부품 그림	부품명	개수
1		아두이노 우노, USB 케이블	각 1개씩
2		암-암 케이블	4줄
3		블루투스 모듈 (HC-06 or 05)	1개
4		Easy Module Shield V1 (이지 모듈 쉴드 V1)	1개

아두이노와 부품 연결하기

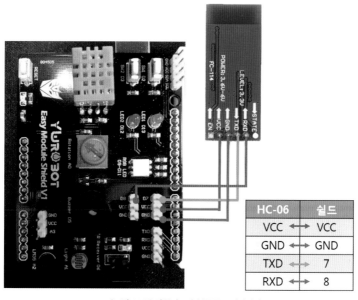

HC-06	쉴드
VCC ◄─►	VCC
GND ◄─►	GND
TXD ◄─►	7
RXD ◄─►	8

▶▶ [그림 11.5] 아두이노와 블루투스 연결하기

그림 11.5와 같이 이지 모듈 쉴드에 블루투스 모듈을 연결하세요. 그 다음 아두이노 코딩을 시작하겠습니다. 다음의 코드를 아두이노에 업로드하면 되겠습니다. 이지 모듈 쉴드에 있는 온습도 센서의 온도와 습도 센서값을 안드로이드 앱으로 전송하는 코드입니다.

아두이노 코드, section_11_arduino_temp_humi_monitoring

```
arduino_temp_humi_monitoring §
 1 #include <SoftwareSerial.h>
 2 #include "DHT.h"
 3 #define DHTPIN        4
 4 #define DHTTYPE       DHT11
 5 #define BTtx          7
 6 #define BTrx          8
 7 SoftwareSerial BT(BTtx, BTrx);
 8 DHT dht(DHTPIN, DHTTYPE);
 9 unsigned long previousTime = 0;
10
11 void setup() {
12     BT.begin(9600);
13     dht.begin();
14 }
15
16 void loop() {
17     unsigned long currentTime = millis();
18     if((unsigned long)(currentTime - previousTime) >= 2000) {
19         previousTime = currentTime;
20         byte t = dht.readTemperature();// Celsius
21         byte h = dht.readHumidity();
22         if (!(isnan(h) || isnan(t))) {//return 1 if not a num
23             BT.print(t);
24             BT.print(",");
25             BT.println(h);
26         }
27     }
28 }
```

코드 라인별 설명

- **2:** 온습도 센서를 사용하기 위한 라이브러리입니다. 이 라이브러리는 인터넷에서 "DHT.h"를 검색하시거나 필자의 블로그(http://blog.naver.com/wootekken)에서 받으시면 됩니다.
- **3,4:** 이지 모듈 쉴드에 장착된 온습도 센서의 핀 번호와 타입을 정의하는 기호상수입니다.
- **5,6:** 블루투스 모듈이 아두이노에 연결된 핀 번호를 정의한 기호상수입니다.
- **8:** 온습도 센서의 객체 설정입니다.
- **13:** 온습도 센서를 사용하기 위한 준비 명령어입니다.
- **18:** 이지 모듈 쉴드에 장착된 온습도 센서는 DHT11 타입으로 최소한 2초 간격으로 센서값을 읽어야 합니다. 그래서 18번 줄의 if구문은 매 2초마다 실행되는 코드입니다. delay(2000)으로 2초를 기다려도 되지만, 18번 줄과 같은 방법을 사용하면 if문 밖에서 다른 명령어를 실행하는 데에 시간적 영향을 주지 않으면서 온습도 센서값 처리도 정상적으로 할 수 있게 됩니다.
- **20,21:** 온도와 습도값을 읽는 코드입니다.

- **22:** 온도와 습도 센서값이 정확히 계산되었는지(정상적인 숫자로 나왔는지) 확인하는 코드입니다.
- **23~25:** 온도와 습도값을 저장하고 있는 변수를 "," 문자로 구분해서 안드로이드 앱으로 전송하기 위한 코드입니다. 앞의 실습에서는 BT.write 명령어를 사용했었습니다. write는 숫자값(변수값) 그대로를 보내는 명령어이고, print는 숫자의 아스키값을 보내는 명령어입니다. 예를 들어 BT.write(1)은 1을 그대로 보내는 것이고, BT.print(1)은 1에 해당하는 아스키값 49를 전송하는 것입니다. 이렇게 하는 이유는, 아두이노 측에서 보내는 값이 1byte 범위 안이면 앱에서 그 값을 받아서 처리하는 코드가 간단하기 때문입니다.

section_11_arduino_temp_humi_monitoring 아두이노 코드를 IDE 스케치 창에서 타이핑합니다. 그리고 화살표 버튼을 클릭해서 코드를 아두이노에 업로드합니다. 코드 업로드가 완료되면 아두이노 단은 모두 완성된 것입니다.

이제 앱인벤터 단으로 넘어가도록 합니다.

앱인벤터로 앱 만들기

❶ 디자인

앱인벤터 홈페이지에 접속하여 Projects ⇒ Start New Project를 클릭하고 프로젝트 이름을 영어로 정하면 앱 디자인을 할 수 있는 화면이 나옵니다. 이번에 만들 앱의 전체 모습은 그림 11.6과 같습니다.

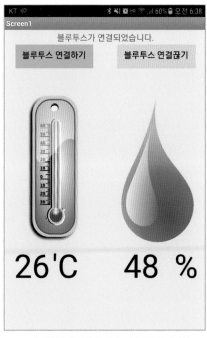

▶▶ [그림 11.6] 온습도 센서 모니터링 앱 디자인

위 앱의 작동방법은 다음과 같습니다. 앱 화면에서 블루투스 연결을 하게 되면 자동으로 온도와 습도값이 화면에서 보이게 됩니다.

이제, 앱 디자인을 다음과 같이 시작해봅시다.

01 디자인 첫 화면에 있는 Screen1 컴포넌트의 Properties중 AlignHorizontal의 값을 Center로, AlignVertical 의 값을 Top으로, BackgroundColor를 Yellow로, Scrollable을 체크해주는 것으로 설정해주세요. Scrollable은 앱 디자인 화면에 요소들이 너무 많아서 복잡해질 때 위·아래 방향으로 스크롤을 만들어 주는 기능입니다.
그 다음 온도계와 물방울 그림을 Media탭에서 업로드해주세요. 그림 파일은 필자의 블로그(http://blog.naver.com/wootekken)에서 다운 받으시면 됩니다.

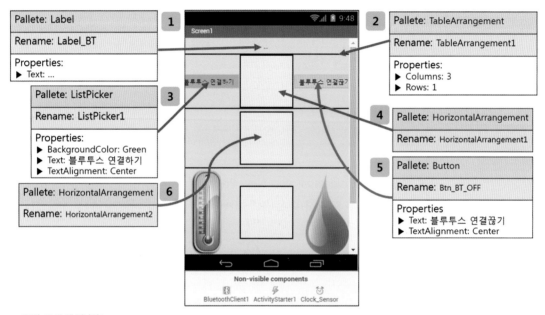

▶▶ [그림 11.7] 앱 디자인1

02

여러 요소들이 세로로 쌓이는 디자인이기 때문에 Screen에 자동으로 스크롤이 발생할 겁니다. 앞서 Screen1의 Properties에서 Scrollable을 체크한 경우 스크롤을 내리면 그림 11.8과 같이 계속 디자인할 수 있습니다.

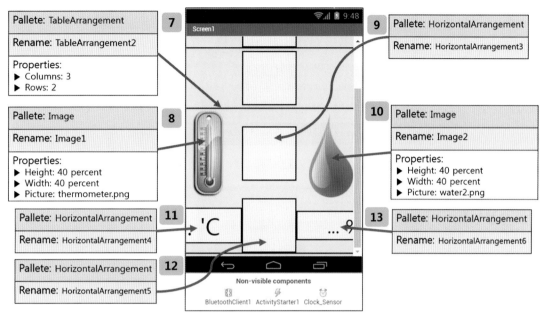

Pallete: TableArrangement
Rename: TableArrangement2
Properties:
▶ Columns: 3
▶ Rows: 2

Pallete: Image
Rename: Image1
Properties:
▶ Height: 40 percent
▶ Width: 40 percent
▶ Picture: thermometer.png

Pallete: HorizontalArrangement
Rename: HorizontalArrangement4

Pallete: HorizontalArrangement
Rename: HorizontalArrangement5

Pallete: HorizontalArrangement
Rename: HorizontalArrangement3

Pallete: Image
Rename: Image2
Properties:
▶ Height: 40 percent
▶ Width: 40 percent
▶ Picture: water2.png

Pallete: HorizontalArrangement
Rename: HorizontalArrangement6

Non-visible components
BluetoothClient1 ActivityStarter1 Clock_Sensor

▷▷ [그림 11.8] 앱 디자인2

03

Non-visible components에서 Clock의 Properites중 TimeInterval = 2000 으로 설정해주세요. 그러면 Clock.Timer 블록 명령어가 2초마다 실행됩니다.

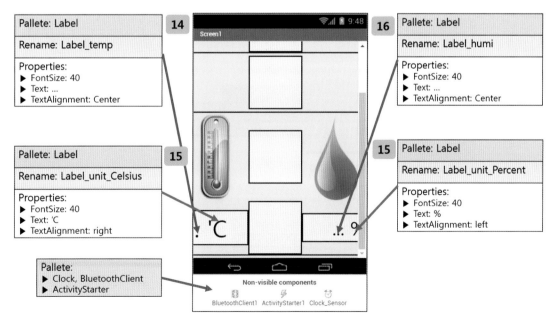

Pallete: Label
Rename: Label_temp
Properties:
▶ FontSize: 40
▶ Text: …
▶ TextAlignment: Center

Pallete: Label
Rename: Label_unit_Celsius
Properties:
▶ FontSize: 40
▶ Text: 'C
▶ TextAlignment: right

Pallete:
▶ Clock, BluetoothClient
▶ ActivityStarter

Pallete: Label
Rename: Label_humi
Properties:
▶ FontSize: 40
▶ Text: …
▶ TextAlignment: Center

Pallete: Label
Rename: Label_unit_Percent
Properties:
▶ FontSize: 40
▶ Text: %
▶ TextAlignment: left

Non-visible components
BluetoothClient1 ActivityStarter1 Clock_Sensor

▷▷ [그림 11.9] 앱 디자인3

04

이제 모든 앱 디자인은 끝났고 블록 코딩만 남았습니다. 블루투스 연결 메세지와 특정 Label이 보이는 여부, 색깔, 타이머 활성화 등을 그림 11.10처럼 프로시저로 만들어주세요.

to readyTodisplay
do
set Label_BT . Text to " 블루투스가 연결되었습니다. "
set Label_BT . TextColor to
set Clock_Sensor . TimerEnabled to true
set Label_temp . Visible to true
set Label_humi . Visible to true
set Label_unit_Celsius . Visible to true
set Label_unit_Percent . Visible to true
to closeDisplay
do
set Clock_Sensor . TimerEnabled to false
set Label_temp . Visible to false
set Label_humi . Visible to false
set Label_unit_Celsius . Visible to false
set Label_unit_Percent . Visible to false
set Label_BT . Text to " 블루투스가 끊겼습니다. "
set Label_BT . TextColor to

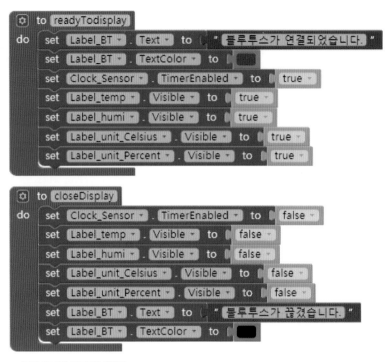

▸▸ [그림 11.10] 프로시저 명령어

05

앞서 만든 프로시저를 사용하여 블루투스를 연결하고 끊는 명령어는 그림 11.11과 같이 코딩해주세요.

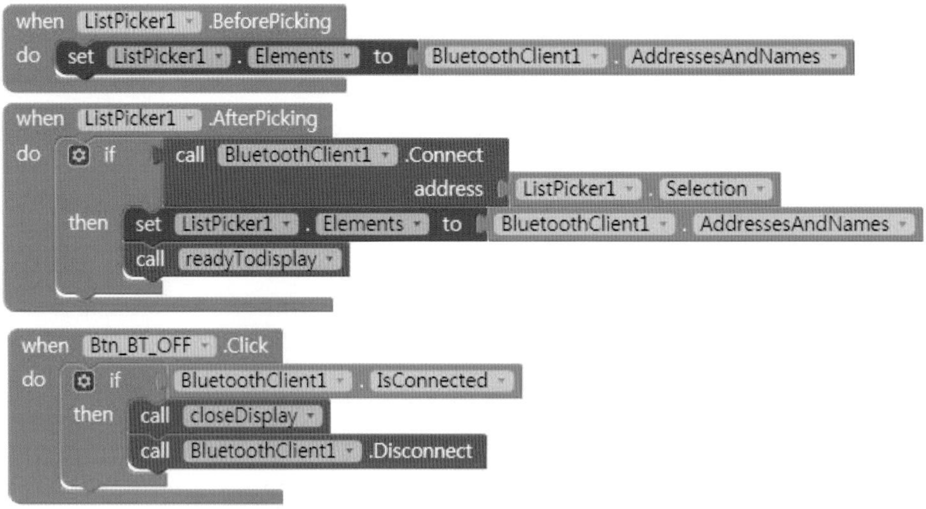

when ListPicker1 .BeforePicking
do set ListPicker1 . Elements to BluetoothClient1 . AddressesAndNames
when ListPicker1 .AfterPicking
do if call BluetoothClient1 .Connect
address ListPicker1 . Selection
then set ListPicker1 . Elements to BluetoothClient1 . AddressesAndNames
call readyTodisplay
when Btn_BT_OFF .Click
do if BluetoothClient1 . IsConnected
then call closeDisplay
call BluetoothClient1 .Disconnect

▸▸ [그림 11.11] 블루투스 활성화 Activity 명령어

06   앱을 처음 실행할 때(Screen1.Initialize) 초기화할 명령어를 그림 11.12와 같이 만듭니다.

▶▶ [그림 11.12] 스크린 초기화 명령어

07   블루투스 연결과 앱 디자인에 관련된 명령어 코딩이 끝났습니다. 이제 이 앱의 핵심 부분인 온습도 디스플레이 코딩 부분입니다. 만약 블루투스 연결이 되었다면, 블루투스로 입력된 데이터가 있는지 (call BluetoothClient1.BytesAvailableToReceive 〉0)검사를 합니다. 아두이노에서 보내는 온도와 습도 센서의 각 숫자값은 ","구분자를 포함해 여러 개의 아스키값으로 전송됩니다. 그래서 입력된 Byte 수(call BluetoothClient1.BytesAvailableToReceive)만큼을 Text형식으로 읽어서(call BluetoothClient1. ReceiveText numberOfBytes) input변수에 저장합니다.

input변수에 저장된 텍스트값을 ","구분자로 쪼개어(split) list 리스트에 저장하면 list의 1번째 index에 온 도값이, 2번째 index에 습도값이 저장됩니다.

그렇게 list 리스트에 저장된 온도와 습도값을 Label에 맞추어 Text로 출력해주면 됩니다. 이 모든 사항 이 그림 11.13에 나와 있습니다.

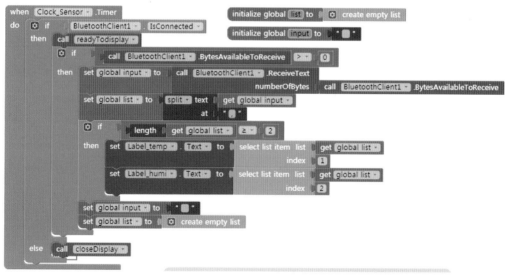

▶▶ [그림 11.13] 입력된 온습도 센서값 처리 코딩

08 모든 코딩이 끝났습니다. 혹시 빠진 코딩이 없는지 그림 11.14를 보시면서 확인해보시길 바랍니다.

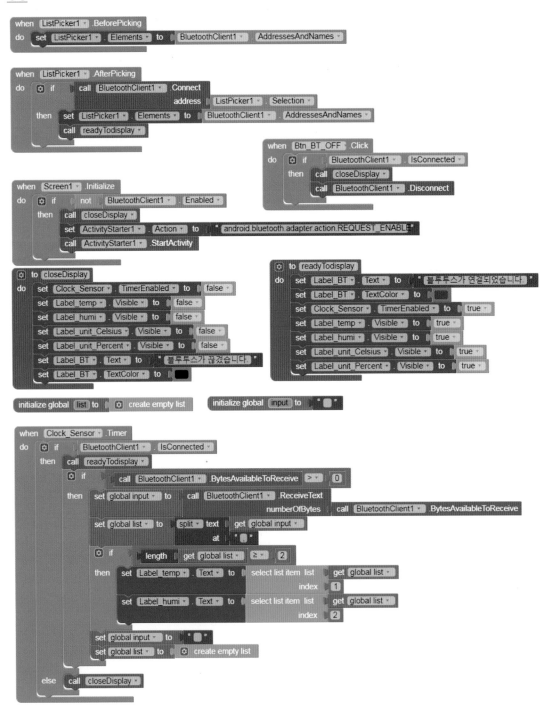

▶▶ [그림 11.14] 온습도 모니터링 앱 전체 코드

09 〈아두이노와 앱 테스트하기〉

이제 모든 앱의 디자인과 코딩이 완료되었습니다. 상단의 Build 메뉴에서 QR코드 띄우기를 하신다면 AI2 Companion으로 QR코드를 스캔하여 앱을 받으시길 바랍니다. 앱을 QR코드로 받는 일련의 과정은 Section 6을 참고하시길 바랍니다.

10 블루투스 연결을 해주시고 온도계와 물방울 아래에 온도값과 습도값이 잘 표시되는지 확인해주세요.

▷▷ [그림 11.15] 슬라이더 앱 사용 모습

🚃 더 해보기

인터넷 검색을 이용해 온도와 습도를 이용한 불쾌지수를 계산법을 찾아보세요. 그리고 앱 화면에 불쾌지수를 수치로 나타내보세요.

컬러 LED 제어 앱

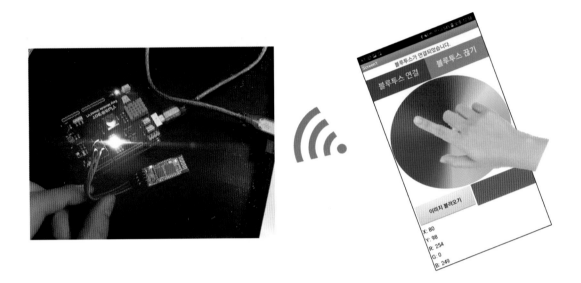

일상 생활 속에는 여러 가지 색깔을 내는 컬러 LED(RGB LED)를 이용한 제품이 많이 있습니다. 그림 12.1과 같이 컬러 LED 무드등이 대표적인 그 예시입니다. 이 컬러 LED는 전등뿐만 아니라 디자인적, 감성적인 요소를 위해 기존 제품(가습기, 스피커, 공기 청정기 등)안에 들어가는 경우도 있습니다.

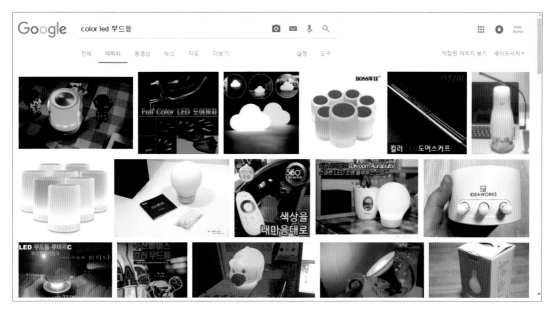

▶▶ [그림 12.1] "color led 무드등" 인터넷 검색 결과

꼭 제품뿐만 아니라 식물 재배에도 컬러 LED가 사용됩니다. 식물이 특정 파장의 빛에서(주로 파랑, 빨강) 잘 자란다는 연구 결과를 토대로 만들어진 식물 재배용 LED 조명 제품이 그림 12.2처럼 시중에 나와 있습니다.

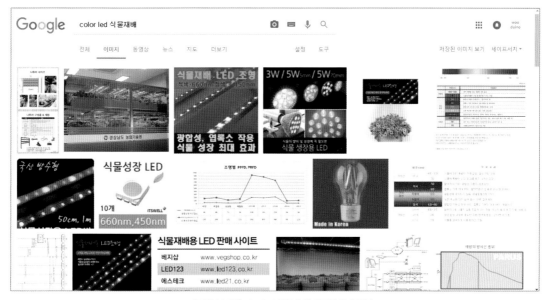

▶▶ [그림 12.2] "color led 식물재배" 인터넷 검색 결과

이렇게 다양하게 사용되는 컬러 LED를 스마트폰 앱으로 제어하는 실습을 이번 섹션에서 해보려고 합니다. 다음의 준비물을 확인하시고 아두이노와 앱인벤터 실습을 시작하시길 바랍니다.

🚂 필요한 준비물

번호	부품 그림	부품명	개수
1		아두이노 우노, USB 케이블	각 1개씩
2		암-암 케이블	4줄
3		블루투스 모듈 (HC-06 or 05)	1개
4		Easy Module Shield V1 (이지 모듈 쉴드 V1)	1개

🚂 아두이노와 부품 연결하기

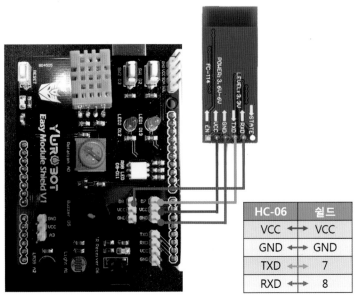

HC-06	쉴드
VCC ⬌	VCC
GND ⬌	GND
TXD ⬌	7
RXD ⬌	8

▷▷ [그림 12.7] 아두이노와 블루투스 연결하기

이지 모듈 쉴드에 그림 12.7과 같이 블루투스 모듈을 연결하세요. 그 다음 아두이노 코딩을 시작하겠습니다. 이지 모듈 쉴드에 있는 RGB LED를 제어하기 위해 앱으로부터 데이터를 전송받는 코드입니다. 다음의 코드를 아두이노에 업로드하면 되겠습니다.

아두이노 코드, section_12_arduino_rgb_color_picker

```
1 #include <SoftwareSerial.h>
2 #define BTtx          7
3 #define BTrx          8
4 #define RED_LED_PIN   9
5 #define GREEN_LED_PIN 10
6 #define BLUE_LED_PIN  11
7
8 SoftwareSerial BT(BTtx, BTrx);
9
10 void setup() {
11     pinMode(RED_LED_PIN, OUTPUT);
12     pinMode(GREEN_LED_PIN, OUTPUT);
13     pinMode(BLUE_LED_PIN, OUTPUT);
14     BT.begin(9600);
15 }
16
17 void loop() {
18     if(BT.available() >= 2) {
19         unsigned int color1 = BT.read();
20         unsigned int color2 = BT.read();
21         unsigned int color = (color2 * 256) + color1;
22         if(color >= 1000 && color <= 1255)
23             analogWrite(RED_LED_PIN, color - 1000);
24         else if(color >= 2000 && color <= 2255)
25             analogWrite(GREEN_LED_PIN, color - 2000);
26         else if(color >= 3000 && color <= 3255)
27             analogWrite(BLUE_LED_PIN, color - 3000);
28     }
29 }
```

코드 라인별 설명
- **4~6:** 이지 모듈 쉴드에 장착된 RGB LED가 아두이노에 연결된 핀 번호를 정의한 기호상수입니다.
- **11~13:** RGB LED 출력 설정 코드입니다.
- **13:** 온습도 센서를 사용하기 위한 준비 명령어입니다.
- **18:** 안드로이드 앱에서 아두이노 쪽으로 보낼 RGB 각각의 데이터 단위는 2 Bytes이기 때문에 아두이노 단에서 받은 데이터 크기가 2 Bytes인지 검사합니다.
- **19~21:** 앱으로부터 전송된 RGB값을 1 Byte씩 읽어서 2진수 자리 올림을 해주어 온전한 데이터 값(예를 들면 1255 값은)을 color 변수에 저장합니다.

- **22~27:** 앱으로부터 전송된 RGB값을 analogWrite 함수에 적용하여 RGB LED의 색깔이 만들어지게끔 하는 코드입니다. analogWrite(핀 번호, PWM값) 명령어에서   PWM값에는 0~255 값이 적용되게 1000, 2000, 3000을 각각 빼줍니다.

section_12_arduino_rgb_color_picker 아두이노 코드를 IDE 스케치 창에서 타이핑합니다. 그리고 화살표 버튼을 클릭해서 코드를 아두이노에 업로드합니다. 코드 업로드가 완료되면 아두이노 단은 모두 완성된 것입니다. 이제 앱인벤터 단으로 넘어가도록 합니다.

앱인벤터로 앱 만들기

❶ 디자인

앱인벤터 홈페이지에 접속하여 Projects ⇒ Start New Project를 클릭하고 프로젝트 이름을 영어로 정하면 앱 디자인을 할 수 있는 화면이 나옵니다. 이번에 만들 앱의 전체 모습은 그림 12.8과 같습니다.

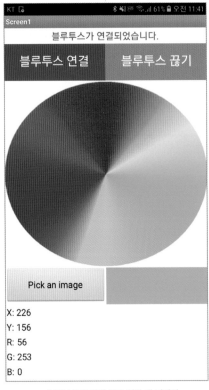

▷▷ [그림 12.8] 컬러 LED 제어 앱 디자인

위 앱의 작동방법은 다음과 같습니다. 앱 화면에서 블루투스 연결을 하면 자동으로 온도와 습도 값이 화면에서 보이게 됩니다.

이제, 앱 디자인을 다음과 같이 시작해봅시다.

01   디자인 첫 화면에 있는 Screen1 컴포넌트의 Properties중 BackgroundColor를 White로, Scrollable을 체크해주세요. Scrollable은 앱 디자인 화면에 요소들이 너무 많아서 복잡해질 때 위 · 아래 방향으로 스크롤을 만들어주는 기능입니다.

그 다음 동그라미 컬러 이미지를 Media탭에서 업로드해주세요. 이미지 파일은 필자의 블로그(http:// blog.naver.com/wootekken)에서 다운 받으시면 됩니다. 이 컬러 이미지를 그림 12.9에서처럼 Canvas 의 BackgroundImage로 업로드해주시면 됩니다.

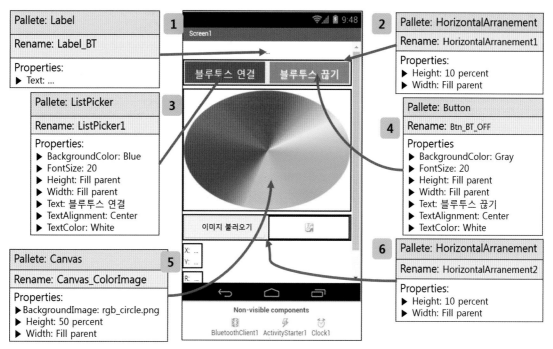

▷▷ [그림 12.9] 앱 디자인1

02

여러 요소들을 세로로 쌓는 디자인이기 때문에 Screen에 자동으로 스크롤이 발생할 겁니다. 앞서 Screen1
의 Properties에서 Scrollable을 체크한 경우 스크롤을 내리면 그림 12.10과 같이 계속 디자인할 수 있습
니다. ImagePicker라는 것을 사용해서 모바일 기기에 저장된 어떤 이미지 파일을 불러와 그 이미지를
손으로 터치할 때도 RGB LED가 색깔이 변하게 하려고 합니다.

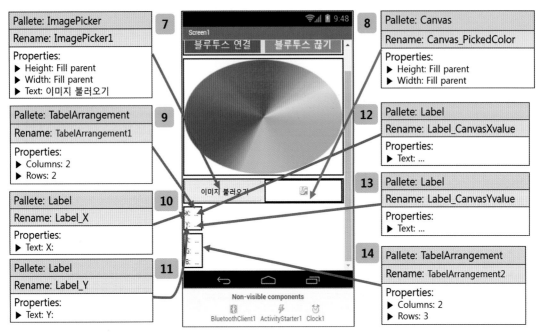

▸▸ [그림 12.10] 앱 디자인2

03

화면 아래에 여러 가지 Label에는 손으로 컬러 이미지를 터치한 위치 값(X,Y)과 RGB의 색깔 값(0~255)
을 보여주려고 합니다.

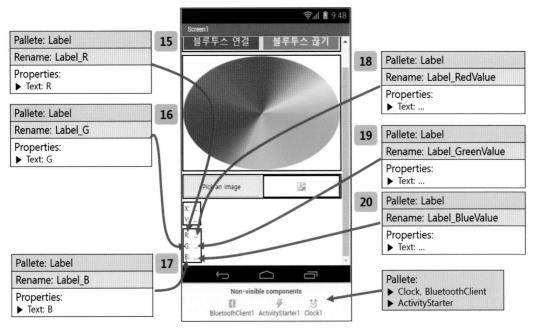

▸▸ [그림 12.11] 앱 디자인3

04 Non-visible components에서 Clock의 Properites중 TimeInterval = 500으로 설정해주세요. 그러면 Clock.Timer 블록 명령어가 0.5초마다 실행됩니다.

05 이제 모든 앱 디자인은 끝났고 블록 코딩만 남았습니다. 블루투스 연결 처리와 특정 Label의 설정, Clock 활성화 등을 그림 12.12처럼 코딩해주세요.

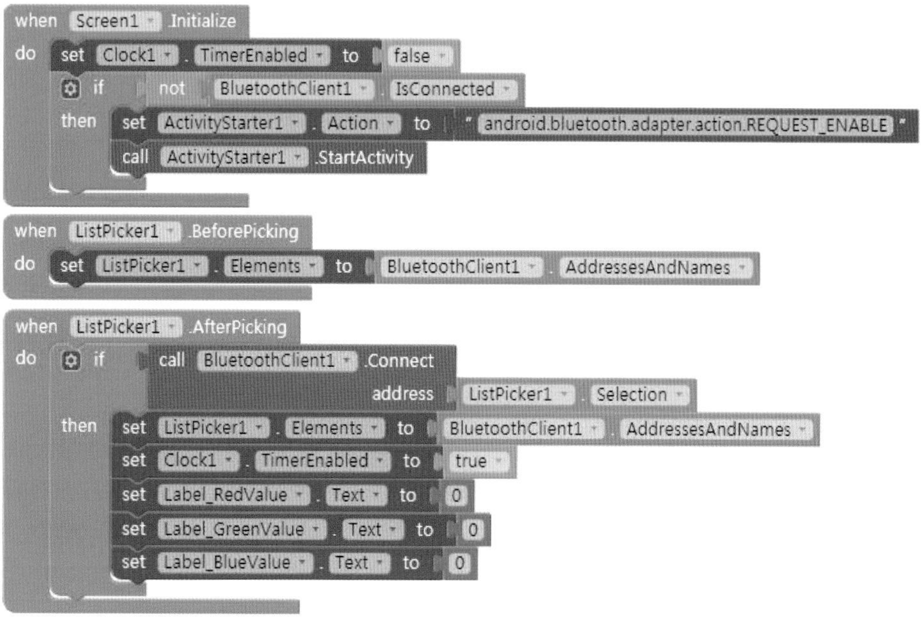

▸▸ [그림 12.12] 블루투스 연결 명령어

06 Clock 타이머는 앞에서 500(0.5초)으로 설정했었습니다. 앱과 아두이노가 블루투스로 연결된 경우 0.5 초마다 RGB값을 블루투스를 통해서 아두이노로 전송하게 합니다. 여기에서 Red, Green, Blue의 값을 구별해야 하기 때문에 RedValue + 1000, GreenValue + 2000, BlueValue + 3000을 하여서 2 Bytes 로 전송합니다. RedValue, GreenValue, BlueValue는 나중에 컬러 이미지에서 손으로 터치한 부분의 RGB값으로 저장시킬 겁니다.

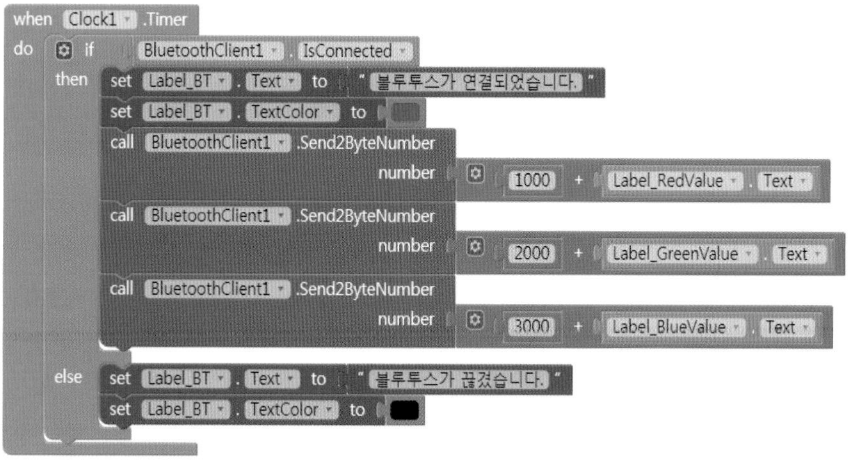

▸▸ [그림 12.13] 블루투스로 전송할 데이터 명령어

07

블루투스 끊기 버튼을 누르면 RGB LED를 끄고 블루투스 연결을 끊어줍니다. 여기에서 1000 ～ 3000 값을 블루투스 통신을 이용해 아두이노로 전송하면, 아두이노 단에서 analogWrite(핀 번호, PWM값) 중 PWM값이 0이 되기 때문에 RGB LED가 꺼지게 됩니다.

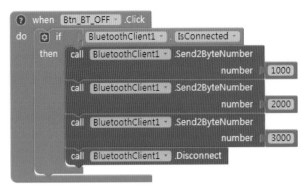

▷▷ [그림 12.14] 블루투스 종료 명령어

08

처음에 앱을 실행시키면 동그라미 컬러 이미지가 뜨게 되어 있지만, 사용자가 원하는 이미지를 가져올 수 있게 하기 위해 그림 12.15와 같이 코딩해 줍니다. 이렇게 하면 "이미지 불러오기" 버튼(ImagePicker) 을 누를 시 안드로이드 기기에 저장된 이미지를 가져올 수 있습니다. 이런 기능을 넣은 이유는 사용자 가 가져온 이미지의 어떤 부분을 손으로 터치할 때도 RGB LED 색깔이 변하게 하기 위해서입니다.

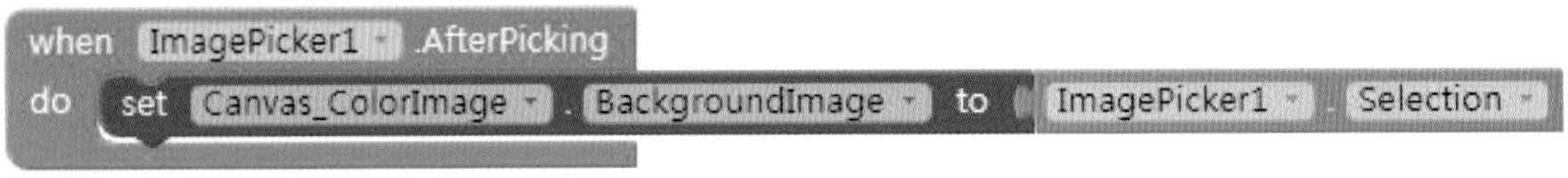

▷▷ [그림 12.15] 이미지 불러오기

09

앱 화면 가운데에 있는 컬러 이미지를 손으로 터치하였을 때 그 위치의 좌표값(X,Y)과 컬러값(Red, Green, Blue의 Pixel 컬러값 0~255)을 Label의 Text로 출력해 줍니다. Canvas 요소의 함수 .GetPixelColor 를 사용하면 자동적으로 리스트화 되어 RGB값이 저장되기 때문에 color_picked 변수는 리스트 index 접근을 이용해 RGB값을 추출해내면 됩니다. 그리고 선택된 컬러가 무엇인지 정확히 알려주기 위해 Canvas_PickedColor에 그 색깔을 보여주는 코딩을 합니다.

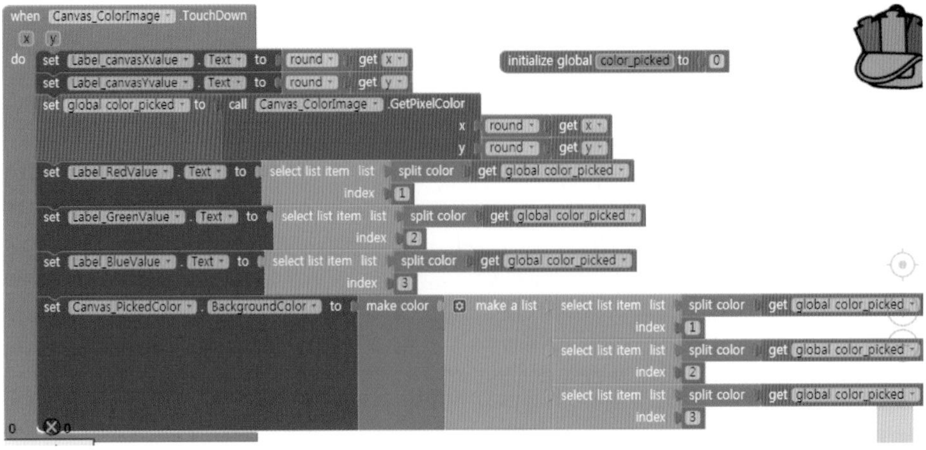

▷▷ [그림 12.16] 이미지 터치 코딩

10 컬러 이미지를 터치하는 것 외에 손가락으로 드래그하여도 RGB LED 색깔이 연속적으로 바뀌게 하려고 합니다. 그렇게 하기 위해서는 .Dragged 블록 명령어를 사용하면 됩니다. 드래그를 하는 현재의 위치값 currentX, currentY값을 이용해 그림 12.17과 같이 코딩해주세요.

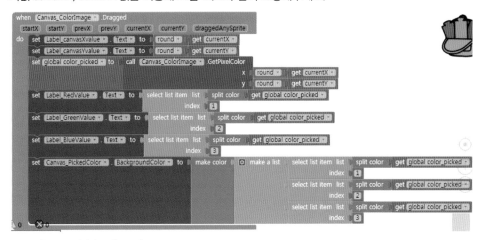

▷▷ [그림 12.17] 이미지 드래그 코딩

11 이제 모든 코딩이 끝났습니다. 혹시 빠진 코딩이 없는지 다음 그림을 보시면서 확인해 보시길 바랍니다.

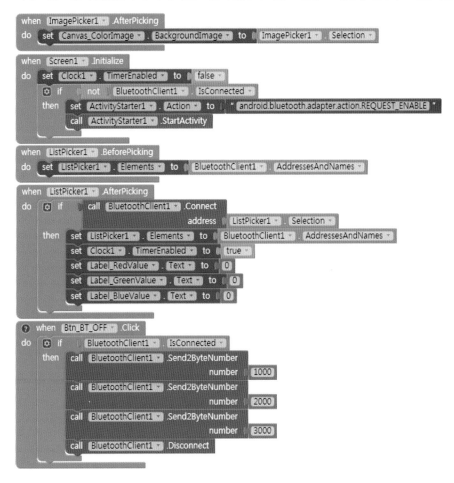

when Clock1 .Timer
do   if   BluetoothClient1 . IsConnected
      then   set Label_BT . Text to " 블루투스가 연결되었습니다. "
             set Label_BT . TextColor to
             call BluetoothClient1 .Send2ByteNumber
                                    number   1000 + Label_RedValue . Text
             call BluetoothClient1 .Send2ByteNumber
                                    number   2000 + Label_GreenValue . Text
             call BluetoothClient1 .Send2ByteNumber
                                    number   3000 + Label_BlueValue . Text
      else   set Label_BT . Text to " 블루투스가 끊겼습니다. "
             set Label_BT . TextColor to

initialize global color_picked to 0

when Canvas_ColorImage .TouchDown
x y
do   set Label_canvasXvalue . Text to round get x
      set Label_canvasYvalue . Text to round get y
      set global color_picked to call Canvas_ColorImage .GetPixelColor
                                              x   round get x
                                              y   round get y
      set Label_RedValue . Text to select list item list split color get global color_picked
                                                       index 1
      set Label_GreenValue . Text to select list item list split color get global color_picked
                                                         index 2
      set Label_BlueValue . Text to select list item list split color get global color_picked
                                                        index 3
      set Canvas_PickedColor . BackgroundColor to make color   make a list select list item list split color get global color_picked
                                                                                            index 1
                                                                            select list item list split color get global color_picked
                                                                                            index 2
                                                                            select list item list split color get global color_picked
                                                                                            index 3

when Canvas_ColorImage .Dragged
startX startY prevX prevY currentX currentY draggedAnySprite
do   set Label_canvasXvalue . Text to round get currentX
      set Label_canvasYvalue . Text to round get currentY
      set global color_picked to call Canvas_ColorImage .GetPixelColor
                                              x   round get currentX
                                              y   round get currentY
      set Label_RedValue . Text to select list item list split color get global color_picked
                                                       index 1
      set Label_GreenValue . Text to select list item list split color get global color_picked
                                                         index 2
      set Label_BlueValue . Text to select list item list split color get global color_picked
                                                        index 3
      set Canvas_PickedColor . BackgroundColor to make color   make a list select list item list split color get global color_picked
                                                                                            index 1
                                                                            select list item list split color get global color_picked
                                                                                            index 2
                                                                            select list item list split color get global color_picked
                                                                                            index 3

12 〈아두이노와 앱 테스트하기〉

모든 앱의 디자인과 코딩이 완료되었습니다. 상단의 Build 메뉴에서 QR코드 띄우기를 하신 후 AI2 Companion으로 QR코드를 스캔하여 앱을 받으시길 바랍니다. 앱을 QR코드로 받는 일련의 과정은 Section 6을 참고하시길 바랍니다.

13 블루투스 연결을 해주시고 화면 가운데에 있는 컬러 이미지를 손으로 터치 또는 드래그를 하여 아두이노의 RGB LED가 색깔이 변하는지 관찰하세요. 그리고 화면 아래에 있는 X, Y 위치값과 RGB값도 잘 출력되는지 확인해 주세요.

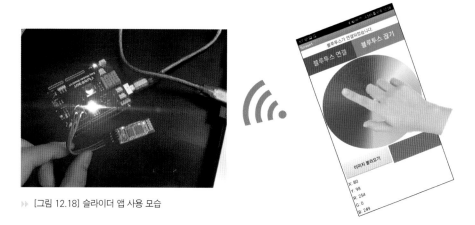

▶▶ [그림 12.18] 슬라이더 앱 사용 모습

14 "이미지 불러오기"를 이용하여 모바일 기기에 저장된 이미지 하나를 불러와보세요. 그리고 이미지의 특정 부분을 터치하여 RGB LED색깔이 변하는지도 관찰해보세요.

▶▶ [그림 12.19] 이미지 불러오기

더 해보기

RGB LED 모듈이나 RGB LED Strip(직선형 LED)을 따로 구입하여 안드로이드 앱으로 제어하는 컬러 무드등을 작품을 만들어 보세요. 무드등은 3D프린터로 제작하거나 문구류 등으로 만들어 보세요.

LCD 문자 출력 앱

이번 섹션에서는 모바일 앱에서 인식된 목소리, 또는 손으로 직접 타이핑한 문자를 아두이노에 연결된 LCD에 문자로 출력하는 작품을 만들어보려고 합니다. 이 작품은 문자 표시를 무선 통신으로 해야 할 상황(예를 들면 청각 장애인을 위한 문자 표시기) 등에 응용하실 수 있을 겁니다.

이제 다음의 준비물을 확인하시고 아두이노와 앱인벤터 실습을 시작하시길 바랍니다.

필요한 준비물

번호	부품 그림	부품명	개수
1		아두이노 우노, USB 케이블	각 1개씩
2		암-암 케이블	8줄
3		블루투스 모듈 (HC-06 or 05)	1개
4		Easy Module Shield V1 (이지 모듈 쉴드 V1)	1개
5		LCD (I2C)	1개

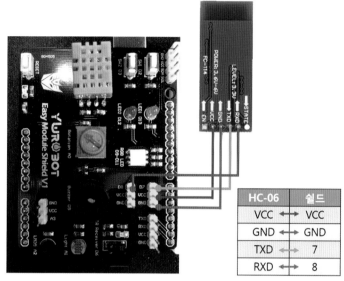

HC-06	쉴드
VCC ⟷	VCC
GND ⟷	GND
TXD ⟷	7
RXD ⟷	8

▸▸ [그림 13.6] 아두이노와 블루투스 연결하기

이지 모듈 쉴드에 그림 13.6과 같이 블루투스 모듈을 연결하세요. 문자를 표시할 LCD는 연결 핀 수를 줄이기 위해 필자는 I2C LCD를 사용했습니다. 기본적으로 그림 13.7과 같이 LCD를 연결하셔도 되지만, 만약 이지 모듈 쉴드를 사용하지 않고 아두이노에 바로 연결하신다면 I2C LCD의 SDA는 아두이노의 A4에, SCL은 A5에 연결하시면 됩니다.

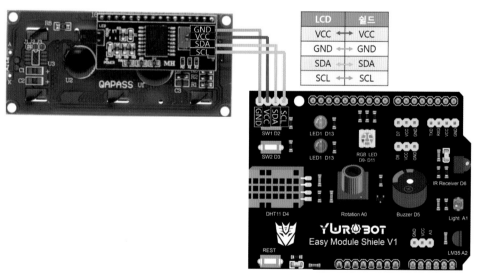

LCD	쉴드
VCC ⟷	VCC
GND ⟷	GND
SDA ⟷	SDA
SCL ⟷	SCL

▸▸ [그림 13.7] 아두이노와 I2C LCD 연결하기

TIP

I2C LCD가 없으시면 그냥 LCD의 16핀을 모두 다 연결하는 LCD모듈을 사용하셔도 됩니다. 대신 블루투스 모듈 핀 연결을 고려하셔야 합니다.

이제 아두이노 코딩을 시작하겠습니다. 앱에서 전송된 문자를 LCD에 그대로 출력해주는 아두이노 코드입니다. 다음의 코드를 아두이노에 업로드하면 되겠습니다.

🚃 아두이노 코드, section13_arduino_LCD

```
section13_arduino_LCD
 1 #include <LiquidCrystal_I2C.h>
 2 #include <Wire.h>
 3 #include <SoftwareSerial.h>
 4
 5 #define BTtx              7
 6 #define BTrx              8
 7
 8 LiquidCrystal_I2C lcd(0x27,2,1,0,4,5,6,7,3,POSITIVE);
 9 SoftwareSerial BT(BTtx, BTrx);
10
11 void setup() {
12     BT.begin(9600);
13     lcd.begin(16,2);
14     delay(1000);
15     lcd.clear();
16     lcd.print("READY");
17 }
18
19 void loop() {
20     char temp[40];
21     if(BT.available() > 0){
22         byte leng = BT.readBytes(temp, 32);
23         lcd.clear();
24         lcd.setCursor(0,0);
25         for(int i = 0; i < leng; i++){
26             if(i == 16) lcd.setCursor(0,1);
27             lcd.print(temp[i]);
28         }
29         BT_flush();
30     }
31 }
32 void BT_flush(){
33     while(BT.available() > 0) {
34         char t = BT.read();
35     }
36 }
```

코드 라인별 설명

- **1,2:** I2C LCD를 사용하기 위한 라이브러리입니다.
- **8:** I2C LCD 객체 선언 및 초기화 설정입니다. 본인이 사용하는 I2C LCD의 주소값("0x27" 부분)은 꼭 확인하시고 입력하세요. 그리고 그 외의 숫자값 설정은 본인이 사용하시는 I2C LCD 라이브러리의 예제 파일을 확인하시고 그에 따라 주세요. I2C LCD의 라이브러리는 누가 만든 것이냐에 따라 조금 차이가 날 수 있습니다. 필자 블로그(http://blog.naver.com/wootekken)에 I2C LCD 라이브러리가 첨부되어 있습니다.
- **13:** LCD 사용 시작을 위한 설정 함수입니다.
- **15:** LCD 화면에 출력된 모든 문자 지우기 명령입니다.
- **16:** 준비의 의미로 "READY"라는 글자를 LCD화면에 출력합니다.
- **20:** temp 배열은 모바일 앱 으로부터 전송받은 문자를 저장하는 데에 사용됩니다.
- **22:** 모바일 앱으로부터 전송된 데이터가 있다면, readBytes(temp, 32)로 그 데이터(문자)를 읽어 temp 배열에 저장을 하게 됩니다. readBytes() 함수는 지정한 숫자(32)만큼 읽은 데이터를 temp 배열에 저장해주는 함수입니다. 지정한 숫자만큼 데이터가 입력되지 않으면 입력받은 개수만큼만 저장하고, 지정한 숫자 이상으로 데이터가 들어올 경우 지정된 숫자만큼 temp에 저장하고, 그 이후에 들어온 값을 따로 temp에 저장합니다. 함수의 반환값은 temp에 저장한 문자의 개수를 byte형태로 반환됩니다.
- **24:** 문자 출력을 처음으로 하기 전에 출력 위치를 LCD의 가장 왼쪽 상단 (0,0)으로 설정합니다.
- **25~28:** temp의 문자 개수만큼 반복문을 돌려서 LCD에 문자를 출력하되, LCD가 가로로 최대 16글자를 출력할 수 있으니, LCD 화면의 첫 번째 줄에 글자 출력이 꽉 차면(i==16) 다음 줄로 넘기는(setCursor(0,1)) 명령을 실행해 문자를 LCD에 출력해주는 부분입니다.
- **29:** LCD가 가로로 16글자 x 2줄 = 32 개의 글자를 한 화면에 담을 수 있습니다. 그래서 모바일 앱으로부터 온 문자를 temp 배열에 저장할 때도 32개의 글자만큼만 읽어 출력하고 있습니다. 혹시 모바일 앱에서 32개 데이터를 초과하여 보내면 그 이상 temp에 저장되지 않게 하기 위해 BT_flush함수를 이용해 아두이노 버퍼에 저장된 데이터를 지우는 명령을 해주었습니다.

> 예전 아두이노 버전에는 .flush() 함수를 사용해 버퍼를 지울 수 있었으나 최신 버전에서는 .flush() 함수로 버퍼를 지울 수 없어졌습니다.

section13_arduino_LCD 아두이노 코드를 IDE 스케치 창에서 타이핑합니다. 그리고 화살표 버튼을 클릭해서 코드를 아두이노에 업로드합니다. 코드 업로드가 완료되면 아두이노 단은 모두 완성된 것입니다. 이제 앱인벤터 단으로 넘어가도록 합니다.

앱인벤터로 앱 만들기

❶ 디자인

앱인벤터 홈페이지에 접속하여 Projects ⇒ Start New Project를 클릭하고 프로젝트 이름을 영어로 정하면 앱 디자인을 할 수 있는 화면이 나옵니다. 이번에 만들 앱의 전체 모습은 그림 13.8과 같습니다.

▶▶ [그림 13.8] LCD 문자 출력 앱 디자인

이 앱의 작동방법은 다음과 같습니다. 앱 화면에서 블루투스 연결을 한 뒤 화면 가운데의 "글 입력란"에 원하는 문자를 입력한 수 "문자 전송하기" 버튼을 누르면 문자가 아두이노로 전송되어 LCD에 그대로 출력됩니다. 그리고 "음성인식" 버튼을 누른 뒤 영어로 말을 하면, 그 말이 문자로 바뀌어 아두이노로 전송되고 LCD에 그대로 출력됩니다. LCD가 일본제라서 한글이 지원되지 않고 일본어와 영어만 지원된다는 점에 주의하세요.

이제, 앱 디자인을 다음과 같이 시작해봅시다.

01   디자인 첫 화면에 있는 Screen1 컴포넌트의 Properties에서 AlignHorizontal과 AlignVertical을 모두 Center로 설정해 주세요. 그리고 다음의 그림을 보고 앱 디자인을 해주세요.

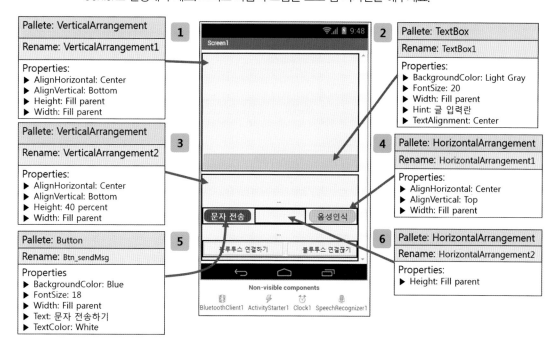

Pallete: VerticalArrangement
Rename: VerticalArrangement1
Properties:
▶ AlignHorizontal: Center
▶ AlignVertical: Bottom
▶ Height: Fill parent
▶ Width: Fill parent

Pallete: VerticalArrangement
Rename: VerticalArrangement2
Properties:
▶ AlignHorizontal: Center
▶ AlignVertical: Bottom
▶ Height: 40 percent
▶ Width: Fill parent

Pallete: Button
Rename: Btn_sendMsg
Properties
▶ BackgroundColor: Blue
▶ FontSize: 18
▶ Width: Fill parent
▶ Text: 문자 전송하기
▶ TextColor: White

Pallete: TextBox
Rename: TextBox1
Properties:
▶ BackgroundColor: Light Gray
▶ FontSize: 20
▶ Width: Fill parent
▶ Hint: 글 입력란
▶ TextAlignment: Center

Pallete: HorizontalArrangement
Rename: HorizontalArrangement1
Properties:
▶ AlignHorizontal: Center
▶ AlignVertical: Top
▶ Width: Fill parent

Pallete: HorizontalArrangement
Rename: HorizontalArrangement2
Properties:
▶ Height: Fill parent

▷▷ [그림 13.9] 앱 디자인1

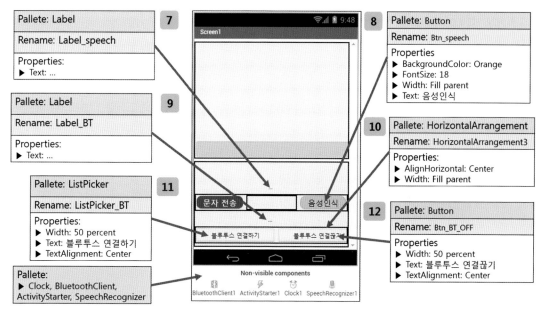

Pallete: Label
Rename: Label_speech
Properties:
▶ Text: ...

Pallete: Label
Rename: Label_BT
Properties:
▶ Text: ...

Pallete: ListPicker
Rename: ListPicker_BT
Properties:
▶ Width: 50 percent
▶ Text: 블루투스 연결하기
▶ TextAlignment: Center

Pallete:
▶ Clock, BluetoothClient, ActivityStarter, SpeechRecognizer

Pallete: Button
Rename: Btn_speech
Properties
▶ BackgroundColor: Orange
▶ FontSize: 18
▶ Width: Fill parent
▶ Text: 음성인식

Pallete: HorizontalArrangement
Rename: HorizontalArrangement3
Properties:
▶ AlignHorizontal: Center
▶ Width: Fill parent

Pallete: Button
Rename: Btn_BT_OFF
Properties
▶ Width: 50 percent
▶ Text: 블루투스 연결끊기
▶ TextAlignment: Center

▷▷ [그림 13.10] 앱 디자인2

02 블루투스 연결 처리와 관련된 코딩을 그림 13.11처럼 해주세요.

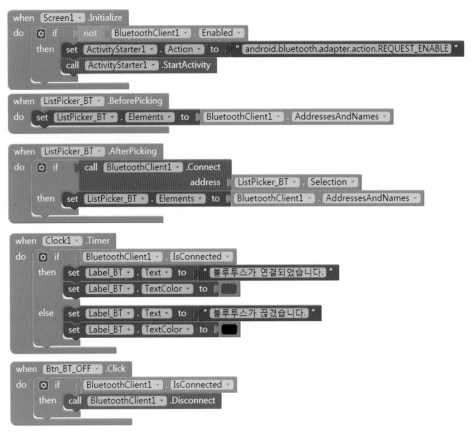

▶▶ [그림 13.11] 블루투스 연결 명령어

03 이제 이 앱의 핵심 부분입니다. 먼저, 앱 화면에서 "문자전송"버튼을 누르게 되면, 텍스트 박스에 사용자가 입력한 텍스트(TextBox1.Text)를 블루투스 통신을 이용해 아두이노 쪽으로 전송하는 코드를 그림 13.12와 같이 만들어주세요.

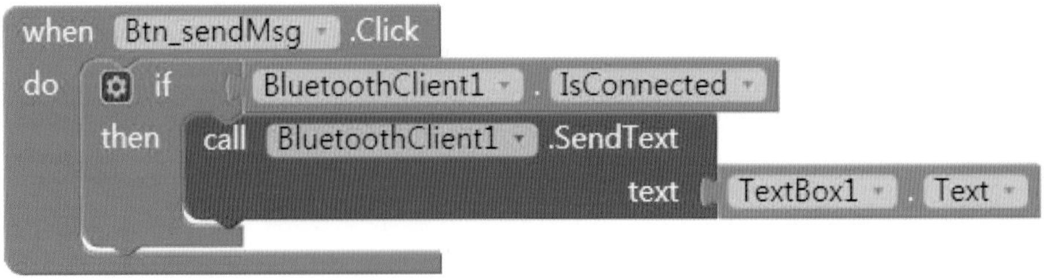

▶▶ [그림 13.12] 텍스트 박스의 문자를 블루투스 통신으로 전송하기

04 아래는 Chapter 2에서 활용했던 음성인식을 아두이노로 전송하는 코드입니다. "음성인식" 버튼을 누르면 음성인식 기능이 시작되어 모바일 기기의 마이크 쪽으로 말을 하게 되면 그 결과(문자)가 SpeechRecognizer1.result에 저장되게 됩니다. 그 결과를 아두이노에게 전송하는 부분이 그림 13.13에 나와 있습니다.

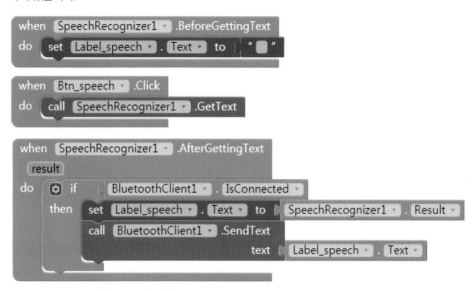

▶▶ [그림 13.13] 음성인식 블루투스 전송 명령어

05 **〈아두이노와 앱 테스트하기〉**

이제 모든 앱의 디자인과 코딩이 완료되었습니다. 상단의 Build 메뉴에서 QR코드 띄우기를 하신 후 AI2 Companion으로 QR코드를 스캔하여 앱을 받으시길 바랍니다. 앱을 QR코드로 받는 일련의 과정은 Section 6을 참고하시길 바랍니다.

06 블루투스 연결을 해주시고 화면 가운데에 있는 텍스트 박스를 한번 터치해주세요. 그러면 그림 13.14처럼 안드로이드 자판이 나올 겁니다. 이 텍스트 박스에 문자(영어)를 입력해 주시고 "문자 전송하기" 버튼을 누른 뒤 아두이노에 연결된 LCD에 그대로 출력되는지 확인합니다.

이번에는 "음성인식"버튼을 누르고 음성인식(영어)을 시작합니다. 그리고 잠시 뒤 아두이노에 연결된 LCD에 문자가 출력되는지 확인합니다.

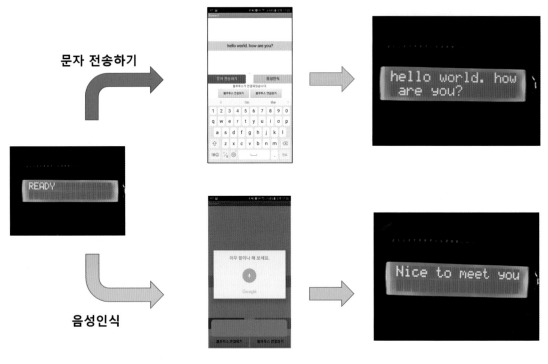

▶▶ [그림 13.14] 음성인식 블루투스 명령어

🚜 더 해보기

모바일 앱과 아두이노 LCD간의 통신 상태를 LED로 표시해 봅시다. 예를 들면, 아두이노가 앱으로부터 데이터를 잘 받았다면 이지 모듈 쉴드의 빨간 LED를 한 번 깜빡이고, 아두이노가 앱으로 데이터를 잘 보냈다면 파란 LED를 한 번 깜빡입니다. 그리고 모바일 앱에서도 데이터를 잘 받거나 보냈는지 표시를 해봅니다.

도트 매트릭스 문자 앱

이번 섹션에서는 모바일 앱에서 보내온 문자를 8x8 도트 매트릭스에 표시하는 작품을 만들어 보겠습니다. 도트 매트릭스는 그림 14.1, 14.2에서 보듯이 LED 도트 디지털 시계나 대중교통의 전광판으로 많이 사용되는 전자제품입니다.

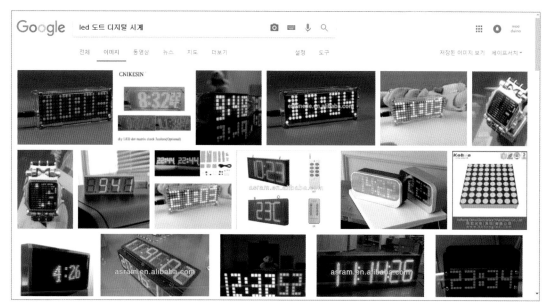

▶▶ [그림 14.1] LED 도트 디지털 시계 예시

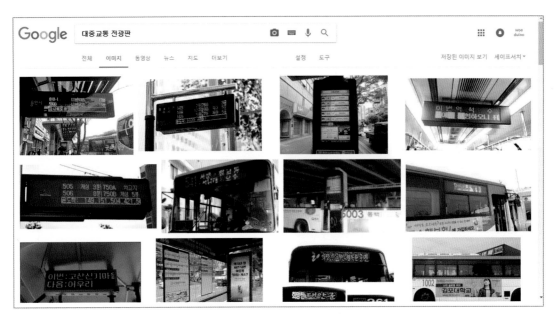
▶▶ [그림 14.2] 대중교통에 사용되는 LED 도트 전광판 예시

이런 LED 도트는 아두이노와 연결하여 다양한 문자와 표시를 만드는 데에 사용될 수 있습니다. 이제 다음의 준비물을 확인하시고 아두이노와 앱인벤터 실습을 시작하시길 바랍니다.

필요한 준비물

번호	부품 그림	부품명	개수
1		아두이노 우노, USB 케이블, 브레드보드	각 1개씩
2		수-수 케이블	10줄 이상
3		암-수 또는 암-암 케이블	10줄 이상
4		블루투스 모듈 (HC-06 or 05)	1개
5		MAX 7219 도트매트릭스 (8x8)	2개

아두이노와 부품 연결하기

이번 하드웨어 연결에서는 이지 모듈 쉴드를 사용하지 않습니다. 브레드보드를 활용하여 5V(VCC)와 GND를 공통으로 사용할 수 있게 해주시면 됩니다.

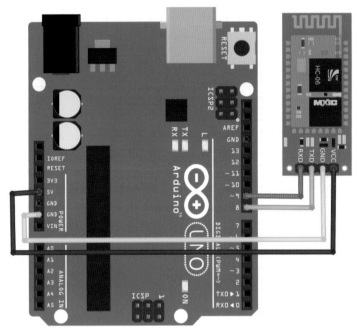

▶▶ [그림 14.8] 아두이노와 블루투스 연결하기

블루투스 모듈의 TXD는 아두이노의 8번 핀에, RXD는 9번 핀에 연결해주세요.

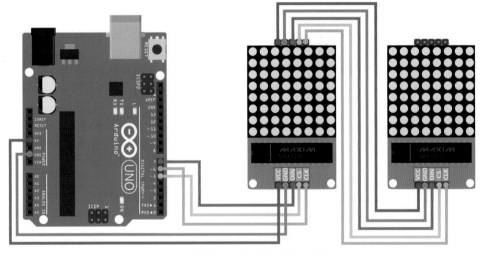

▶▶ [그림 14.9] 아두이노와 2개의 도트 매트릭스 연결하기

첫 번째 도트 매트릭스(그림14.9의 왼쪽 도트 매트릭스)의 CS핀은 아두이노의 5번 핀에, CLK는 6번 핀에, DIN은 7번 핀에 연결하세요. 도트 매트릭스 VCC는 아두이노의 5V에, GND는 아두이노 GND에 연결하세요. 두 번째 도트 매트릭스는 그림 14.9와 같이 첫 번째 도트 매트릭스에서 데이터 출력부분을 전선으로 이어서 두 번째 도트 매트릭스 입력부분에 연결해주시면 됩니다.

필자는 브레드보드를 사용하여 다음과 같이 연결하였습니다.

 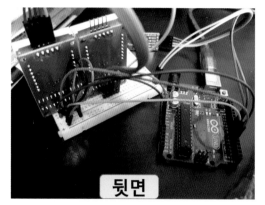

▶▶ [그림 14.10] 아두이노와 I2C LCD 연결하기

이제 아두이노 코딩을 시작하겠습니다. 앱에서 전송된 문자를 LED 도트 매트릭스에 그대로 출력해주는 아두이노 코드입니다. 다음의 코드를 아두이노에 업로드합니다.

이번 코드는 양이 많으므로 필자 블로그 "http://blog.naver.com/wootekken"로 오셔서 아두이노 코드를 다운 받으시길 바랍니다. 블로그 게시판에서 "section_14 도트 매트릭스 라이브러리 파일 & 실습 풀 코드"를 찾아 들어가시면 됩니다.

아두이노 코드, section14_arduino_dotMatrix

```
1  #include <MaxMatrix.h>
2  #include <SoftwareSerial.h>
3  #include <avr/pgmspace.h>
4
5  PROGMEM const unsigned char CH[] = {
6   3, 8, B00000000, B00000000, B00000000, B00000000, B00000000, // space
7   1, 8, B01011111, B00000000, B00000000, B00000000, B00000000, // !
8   3, 8, B00000011, B00000000, B00000011, B00000000, B00000000, // "
9   5, 8, B00010100, B00111110, B00010100, B00111110, B00010100, // #
10  4, 8, B00100100, B01101010, B00101011, B00010010, B00000000, // $
11  5, 8, B01100011, B00010011, B00001000, B01100100, B01100011, // %
12  5, 8, B00110110, B01001001, B01010110, B00100000, B01010000, // &
13  1, 8, B00000011, B00000000, B00000000, B00000000, B00000000, // '
14  3, 8, B00011100, B00100010, B01000001, B00000000, B00000000, // (
15  3, 8, B01000001, B00100010, B00011100, B00000000, B00000000, // )
16  5, 8, B00101000, B00011000, B00001110, B00011000, B00101000, // *
17  5, 8, B00001000, B00001000, B00111110, B00001000, B00001000, // +
18  2, 8, B10110000, B01110000, B00000000, B00000000, B00000000, // ,
19  4, 8, B00001000, B00001000, B00001000, B00001000, B00000000, // -
20  2, 8, B01100000, B01100000, B00000000, B00000000, B00000000, // .
21  4, 8, B01100000, B00011000, B00000110, B00000001, B00000000, // /
22  4, 8, B00111110, B01000001, B01000001, B00111110, B00000000, // 0
23  3, 8, B01000010, B01111111, B01000000, B00000000, B00000000, // 1
24  4, 8, B01100010, B01010001, B01001001, B01000110, B00000000, // 2
25  4, 8, B00100010, B01000001, B01001001, B00110110, B00000000, // 3
26  4, 8, B00011000, B00010100, B00010010, B01111111, B00000000, // 4
27  4, 8, B00100111, B01000101, B01000101, B00111001, B00000000, // 5
28  4, 8, B00111110, B01001001, B01001001, B00110000, B00000000, // 6
29  4, 8, B01100001, B00010001, B00001001, B00000111, B00000000, // 7
30  4, 8, B00110110, B01001001, B01001001, B00110110, B00000000, // 8
31  4, 8, B00000110, B01001001, B01001001, B00111110, B00000000, // 9
32  2, 8, B01010000, B00000000, B00000000, B00000000, B00000000, // :
33  2, 8, B10000000, B01010000, B00000000, B00000000, B00000000, // ;
34  3, 8, B00010000, B00101000, B01000100, B00000000, B00000000, // <
35  3, 8, B00010100, B00010100, B00010100, B00000000, B00000000, // =
36  3, 8, B01000100, B00101000, B00010000, B00000000, B00000000, // >
37  4, 8, B00000010, B01011001, B00001001, B00000110, B00000000, // ?
38  5, 8, B00111110, B01001001, B01010101, B01011101, B00001110, // @
39  4, 8, B01111110, B00001001, B00001001, B01111110, B00000000, // A
40  4, 8, B01111111, B01001001, B01001001, B00110110, B00000000, // B
41  4, 8, B00111110, B01000001, B01000001, B00100010, B00000000, // C
42  4, 8, B01111111, B01000001, B01000001, B00111110, B00000000, // D
43  4, 8, B01111111, B01001001, B01001001, B01000001, B00000000, // E
44  4, 8, B01111111, B00001001, B00001001, B00000001, B00000000, // F
45  4, 8, B00111110, B01000001, B01001001, B01111010, B00000000, // G
46  4, 8, B01111111, B00001000, B00001000, B01111111, B00000000, // H
47  3, 8, B01000001, B01111111, B01000001, B00000000, B00000000, // I
48  4, 8, B00110000, B01000000, B01000001, B00111111, B00000000, // J
49  4, 8, B01111111, B00001000, B00010100, B01100011, B00000000, // K
50  4, 8, B01111111, B01000000, B01000000, B01000000, B00000000, // L
51  5, 8, B01111111, B00000010, B00001100, B00000010, B01111111, // M
52  5, 8, B01111111, B00000100, B00001000, B00010000, B01111111, // N
53  4, 8, B00111110, B01000001, B01000001, B00111110, B00000000, // O
54  4, 8, B01111111, B00001001, B00001001, B00000110, B00000000, // P
55  4, 8, B00111110, B01000001, B01000001, B10111110, B00000000, // Q
56  4, 8, B01111111, B00001001, B00001001, B01110110, B00000000, // R
57  4, 8, B01000110, B01001001, B01001001, B00110010, B00000000, // S
58  5, 8, B00000001, B00000001, B01111111, B00000001, B00000001, // T
59  4, 8, B00111111, B01000000, B01000000, B00111111, B00000000, // U
60  5, 8, B00001111, B00110000, B01000000, B00110000, B00001111, // V
61  5, 8, B00111111, B01000000, B00111000, B01000000, B00111111, // W
62  5, 8, B01100011, B00010100, B00001000, B00010100, B01100011, // X
63  5, 8, B00000111, B00001000, B01110000, B00001000, B00000111, // Y
64  4, 8, B01100001, B01010001, B01001001, B01000111, B00000000, // Z
65  2, 8, B01111111, B01000001, B00000000, B00000000, B00000000, // [
66  4, 8, B00000001, B00000110, B00011000, B01100000, B00000000, // \ backslash
67  2, 8, B01000001, B01111111, B00000000, B00000000, B00000000, // ]
68  3, 8, B00000010, B00000001, B00000010, B00000000, B00000000, // hat
69  4, 8, B01000000, B01000000, B01000000, B01000000, B00000000, // _
70  2, 8, B00000001, B00000010, B00000000, B00000000, B00000000, // ˜
71  4, 8, B00100000, B01010100, B01010100, B01111000, B00000000, // a
72  4, 8, B01111111, B01000100, B01000100, B00111000, B00000000, // b
73  4, 8, B00111000, B01000100, B01000100, B00101000, B00000000, // c
74  4, 8, B00111000, B01000100, B01000100, B01111111, B00000000, // d
75  4, 8, B00111000, B01010100, B01010100, B00011000, B00000000, // e
76  3, 8, B00000100, B01111110, B00000101, B00000000, B00000000, // f
77  4, 8, B10011000, B10100100, B10100100, B01111000, B00000000, // g
78  4, 8, B01111111, B00000100, B00000100, B00111000, B00000000, // h
79  3, 8, B01000100, B01111101, B01000000, B00000000, B00000000, // i
80  4, 8, B01000000, B10000000, B10000100, B01111101, B00000000, // j
81  4, 8, B01111111, B00010000, B00101000, B01000100, B00000000, // k
82  3, 8, B01000001, B01111111, B01000000, B00000000, B00000000, // l
```

```
83     5, 8, B01111100, B00000100, B01111100, B00000100, B01111100, // m
84     4, 8, B01111100, B00000100, B00000100, B01111000, B00000000, // n
85     4, 8, B00111000, B01000100, B01000100, B00111000, B00000000, // o
86     4, 8, B11111100, B00100100, B00100100, B00011000, B00000000, // p
87     4, 8, B00011000, B00100100, B00100100, B11111100, B00000000, // q
88     4, 8, B01111100, B00001000, B00000100, B00000100, B00000000, // r
89     4, 8, B01001000, B01010100, B01010100, B00100100, B00000000, // s
90     3, 8, B00000100, B00111111, B01000100, B00000000, B00000000, // t
91     4, 8, B00111100, B01000000, B01000000, B01111100, B00000000, // u
92     5, 8, B00011100, B00100000, B01000000, B00100000, B00011100, // v
93     5, 8, B00111100, B01000000, B00111100, B01000000, B00111100, // w
94     5, 8, B01000100, B00101000, B00010000, B00101000, B01000100, // x
95     4, 8, B10011100, B10100000, B10100000, B01111100, B00000000, // y
96     3, 8, B01100100, B01010100, B01001100, B00000000, B00000000, // z
97     3, 8, B00001000, B00110110, B01000001, B00000000, B00000000, // {
98     1, 8, B01111111, B00000000, B00000000, B00000000, B00000000, // |
99     3, 8, B01000001, B00110110, B00001000, B00000000, B00000000, // }
100    4, 8, B00001000, B00000100, B00001000, B00000100, B00000000, // ~
101  };
102
103  int dIn = 7;
104  int clk = 6;
105  int cs = 5;
106  int maxInUse = 2;
107
108  MaxMatrix m(dIn, cs, clk, maxInUse);
109  SoftwareSerial BT(8, 9); // (TX, RX)
110
111  byte buffer[10];
112  char incomebyte;
113  int scrollSpeed = 100;
114  char text[100] = "Hello Arduino   ";
115  int brightness = 8;
116  int count = 0;
117  char indicator;
118
119  void setup() {
120      m.init();
121      m.setIntensity(brightness);
122      BT.begin(9600);
123  }
124
125  void loop() {
126    printStringWithShift(text, scrollSpeed);
127
128    if (BT.available()) {
129      indicator = BT.read();
130      if (indicator == '1') {
131        for (int i = 0; i < 100; i++) {
132          text[i] = 0;
133          m.clear();
134        }
135        while (BT.available()) {
136          incomebyte = BT.read();
137          text[count] = incomebyte;
138          count++;
139        }
140        count = 0;
141      }
142      // 문자 움직임 속도
143      else if (indicator == '2') {
144        String sS = BT.readString();
145        scrollSpeed = 150 - sS.toInt();
146      }
147      // 문자 밝기
148      else if (indicator == '3') {
149        String sB = BT.readString();
150        brightness = sB.toInt();
151        m.setIntensity(brightness);
152      }
153    }
154
155  }
156
157  void printCharWithShift(char c, int shift_speed) {
158    if (c < 32) return;
159    c -= 32;
160    memcpy_P(buffer, CH + 7 * c, 7);
161    m.writeSprite(32, 0, buffer);
162    m.setColumn(32 + buffer[0], 0);
163
164    for (int i = 0; i < buffer[0] + 1; i++)
165    {
166      delay(shift_speed);
167      m.shiftLeft(false, false);
168    }
169  }
```

SECTION 14 도트 매트릭스 문자 앱 **153**

```
170
171  void printStringWithShift(char* s, int shift_speed) {
172    while (*s != 0) {
173      printCharWithShift(*s, shift_speed);
174      s++;
175    }
176  }
177
178  void printString(char* s)
179  {
180    int col = 0;
181    while (*s != 0)
182    {
183      if (*s < 32) continue;
184      char c = *s - 32;
185      memcpy_P(buffer, CH + 7 * c, 7);
186      m.writeSprite(col, 0, buffer);
187      m.setColumn(col + buffer[0], 0);
188      col += buffer[0] + 1;
189      s++;
190    }
191  }
192
193
```

코드 라인별 설명

- **1:** LED 도트 매트릭스를 쉽게 사용하기 위한 라이브러리입니다.
- **2:** PROGMEM 키워드를 사용하여 LED 도트 매트릭스에 출력할 문자를 Flash 메모리에 저장하는 데에 사용할 라이브러리입니다. PROGMEM 키워드는 데이터를 SRAM 대신 Flash 메모리에 생성하는 키워드입니다. PROGMEM은 변수 앞에 사용할 수 있는 키워드로 pgmspace.h 파일에 선언된 데이터 타입에만 적용할 수 있습니다. 변수 앞에 PROGMEM 키워드를 사용하게 되면 일반적으로 사용하는 SRAM 대신 Flash 메모리에 저장하게 됩니다.
- **5:** LED 도트 매트릭스에 표시할 문자를 담고 있는 배열입니다. 각 배열의 데이터가 어떤 문자인지는 주석에 적혀있습니다.
- **103~105:** LED 도트 매트릭스를 아두이노에 연결한 핀 번호 정의입니다.
- **106:** LED 도트 매트릭스를 2개 사용하므로 maxInUse = 2가 됩니다.
- **108:** LED 도트 매트릭스 라이브러리의 함수를 사용하기 위한 객체 설정입니다.
- **109:** 블루투스 통신을 위한 소프트웨어 시리얼 통신 설정입니다.
- **113:** LED 도트 매트릭스에 출력되는 문자가 옆으로 움직이는 속도값 변수입니다.
- **114:** 최초에 LED 도트 매트릭스에 출력할 문자를 저장하는 배열입니다.
- **115:** LED 도트 매트릭스의 출력 밝기 값 변수로 0 ~ 15로 조절 가능합니다.
- **117:** indicator 변수는 LED 도트 매트릭스에 할 일이 무엇인지 알려주는 역할을 하는 변수입니다. 할 일이 1이면 문자 출력, 2이면 문자 움직임 속도, 3이면 문자 밝기를 알려줄 것입니다.
- **120:** LED 도트 매트릭스를 사용하기 위한 초기화 명령어입니다.
- **121:** LED 도트 매트릭스 초기 밝기 값 설정 명령어입니다.
- **126:** text 배열에 담겨있는 문자를 scrollSpeed 속도로 출력하는 명령어입니다.
- **128,129:** 모바일 앱으로부터 전송된 데이터가 있다면 그것을 읽어서 indicator 변수에 저장합니다.

- **130~133:** 모바일 앱으로부터 전송된 데이터가 "1"이라면 text 배열의 데이터를 모두 0으로 초기화하고, m.clear()를 하여 LED 도트 매트릭스의 LED를 전부 OFF합니다. 모바일 앱에서 "보내기"버튼을 누르면 "1"을 아두이노로 전송한 다음에 사용자가 입력한 문자를 전송할 예정입니다. "1"을 전송하는 이유는 아두이노에게 곧 텍스트 데이터가 전송되니 배열이나 LED를 초기화 하여 준비하라는 의미입니다.

- **135~138:** 모바일 앱으로부터 전송된 문자를 읽어서 text 배열에 1Byte씩 저장합니다.

- **143~145:** 모바일 앱으로부터 전송된 문자가 "2"라면 LED 도트 매트릭스에 출력할 문자의 움직임 속도를 조절하는 부분입니다. scrollSpeed는 ms(밀리세컨즈) 단위로 delay(scrollSpeed) 함수에 적용되어 문자의 움직임 속도를 조절하게 되어 있습니다.

- **148~151:** "3"을 받으면 LED 도트 매트릭스에 출력될 문자의 밝기를 조절하게 됩니다. 밝기 범위 값은 0~15입니다.

- **157~:** 이 뒤에 있는 함수들은 LED 도트 매트릭스에 문자 출력을 위한 함수로써 약간 복잡한 부분입니다. 우리는 기본적으로 문자 출력하는 데에 필요한 기능만 사용하면 되기 때문에 이후의 설명은 생략하고 있는 그대로의 함수기능만 사용하겠습니다.

section14_arduino_dotMatrix 아두이노 코드를 필자의 블로그에서 다운 받아서 IDE 아두이노에 업로드 합니다. 코드 업로드가 완료되면 아두이노 단은 모두 완성된 것입니다.

이제 앱인벤터 단으로 넘어가도록 합니다.

앱인벤터로 앱 만들기

❶ 디자인

앱인벤터 홈페이지에 접속하여 Projects ⇒ Start New Project를 클릭하고 프로젝트 이름을 영어로 정하면 앱 디자인을 할 수 있는 화면이 나옵니다. 이번에 만들 앱의 전체 모습은 그림 14.11과 같습니다.

▸▸ [그림 14.11] LED 도트 매트릭스 문자 출력 앱

이 앱의 작동방법은 다음과 같습니다. 앱 화면에서 블루투스 연결을 한 뒤 화면 가운데의 "글자 입력" 텍스트 박스에 원하는 문자를 입력한 후 "보내기" 버튼을 누르면 문자가 아두이노로 전송되어 LED 도트 매트릭스에 그대로(1~2초 정도 뒤에) 출력됩니다. 그리고 "글자 움직임 속도" 슬라이더 바를 조절하면 LED 도트 매트릭스에 나타난 문자의 움직이는 속도가 달라지고, "글자 밝기" 슬라이더 바를 조절하면 LED 도트 매트릭스의 밝기가 달라집니다. 이 모든 동작은 시리얼 통신 속도를 9600으로 설정하였기 때문에 1~2초 정도 후에 반응이 나타납니다. 만약 반응 속도를 빨라지게 하려면 블루투스 모듈의 통신 속도와 아두이노 시리얼 통신 속도를 높이면 가능합니다.

이제, 앱 디자인을 다음과 같이 시작해 봅시다.

01 디자인 첫 화면에 있는 Screen1 컴포넌트의 Properties에서 AlignHorizontal을 Center로, AlignVertical을 Top으로 설정해 주세요. 화면 디자인이 세로로 길어지므로 Scrollarble에 체크를 해주세요. 이제 다음의 그림을 보고 앱 디자인을 해주세요.

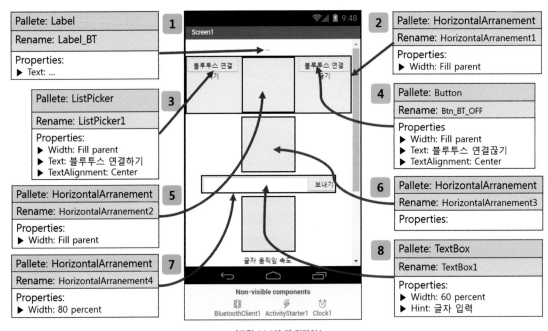

▷▷ [그림 14.12] 앱 디자인1

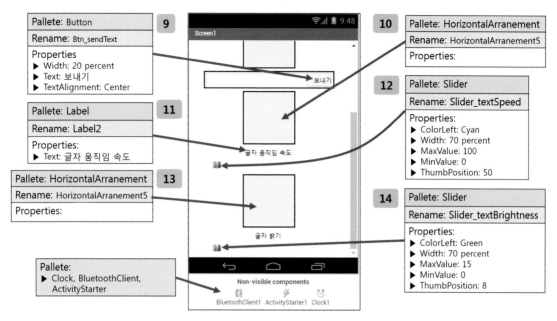

▶▶ [그림 14.13] 앱 디자인2

모든 앱 디자인은 끝났고 블록 코딩만 남았습니다. 블루투스 연결 처리와 관련된 코딩을 그림 14.14처럼 해주세요.

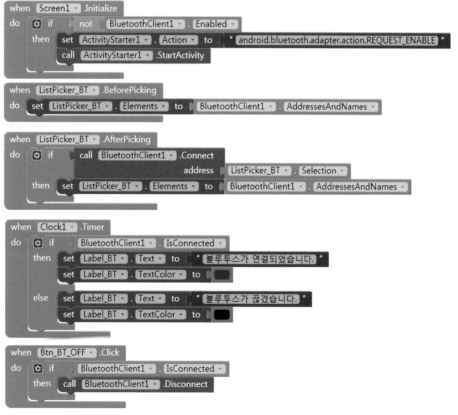

▶▶ [그림 14.14] 블루투스 연결 명령어

03 이 앱의 핵심 부분입니다. 먼저, 앱 화면에서 "보내기"버튼을 누르게 되면, "1"을 아두이노로 전송하여 사용자가 입력한 문자가 전송될 거라는 것을 알려줍니다. 그리고 텍스트 박스에 사용자가 입력한 텍스트(TextBox1.Text)를 블루투스 통신을 이용해 아두이노 쪽으로 전송하는 코딩을 그림 14.15와 같이 하면 되겠습니다.

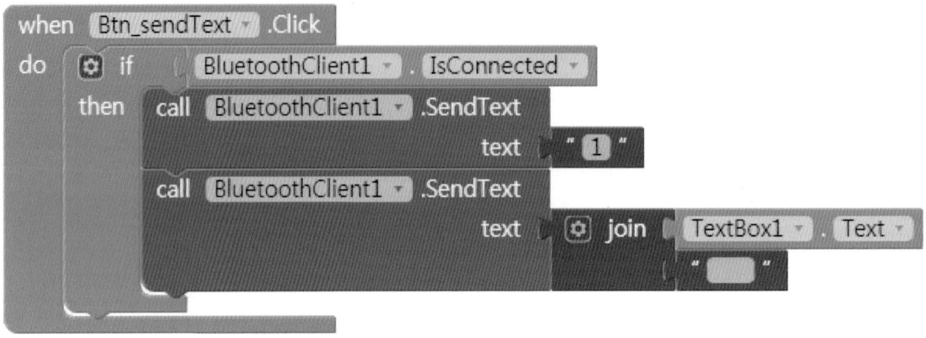

▷▷ [그림 14.15] 텍스트 박스의 문자를 블루투스 통신으로 전송하기

04 그 다음에는 문자의 속도를 조절하는 슬라이더의 위치값을 블루투스로 전송하는 코드입니다. 슬라이더 위치값은 정수로 반올림(round)하여 보냅니다.

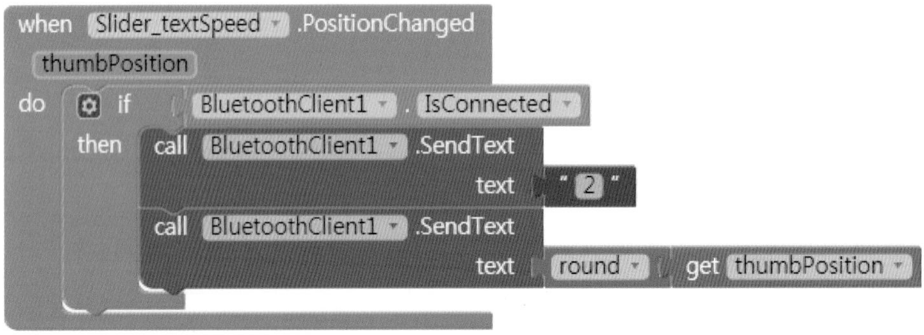

▷▷ [그림 14.16] 텍스트 스피드 슬라이더의 블루투스 데이터 전송

05 문자의 밝기를 조절하는 슬라이더의 위치값을 블루투스로 전송하는 코드입니다.

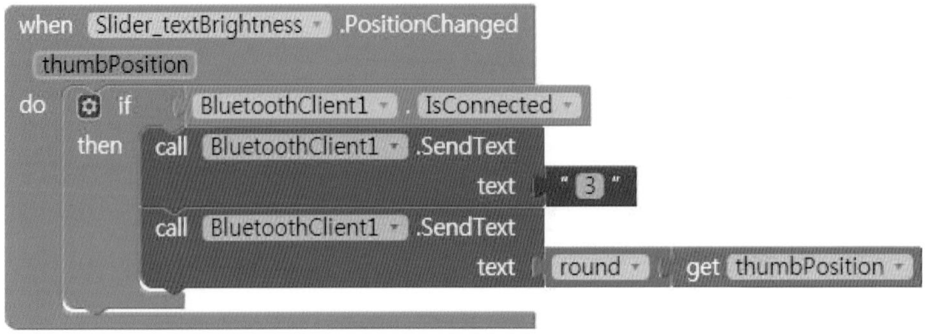

▷▷ [그림 14.17] 텍스트 밝기 슬라이더의 블루투스 데이터 전송

06

〈아두이노와 앱 테스트하기〉

이제 모든 앱의 디자인과 코딩이 완료되었습니다. 상단의 Build 메뉴에서 QR코드 띄우기를 하신 후 AI2 Companion으로 QR코드를 스캔하여 앱을 받으시길 바랍니다. 앱을 QR코드로 받는 일련의 과정은 Section 6을 참고하시길 바랍니다.

블루투스 연결을 한 뒤 화면 가운데에 있는 텍스트 박스를 한번 터치해 주세요. 그러면 그림 14.18처럼 안드로이드 자판이 나올 겁니다. 이 텍스트 박스에 문자(영어)를 입력해 주시고 "문자 전송하기" 버튼을 누른 뒤 아두이노에 연결된 LED 도트 매트릭스에 1~2초 후 그대로 출력되는지 확인합니다.

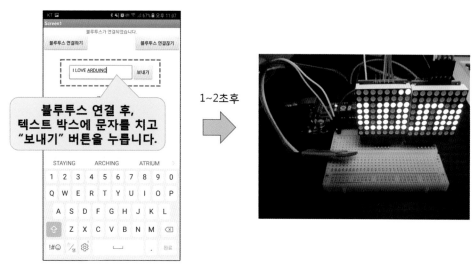

▶▶ [그림 14.18] 문자 전송 실습

07

이번에는 앱 화면에서 글자의 움직임 속도와 밝기 슬라이더 조절 바를 움직여서 1~2초 후에 LED 도트 매트릭스의 문자에 변화가 있는지 관찰합니다.

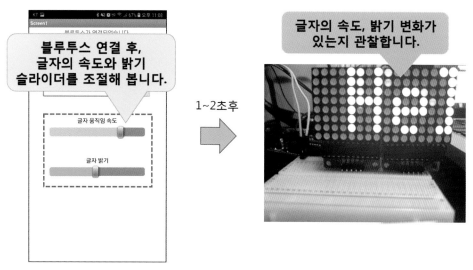

▶▶ [그림 14.19] 문자 속도, 밝기 제어 실습

🚂 더 해보기

Section 7, Section 13의 음성인식 기능을 참고해서 이번 섹션의 LED 도트 매트릭스 앱에도 음성 인식 기능을 넣어서 LED에 문자가 출력되게 해보세요(힌트: SpeechRecognizer 컴포넌트가 필요합니다).

양방향 통신 앱

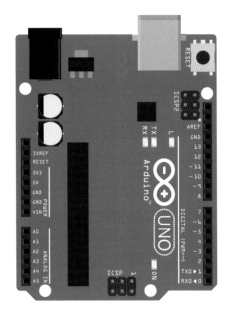

01010....

Hello....

이번 섹션에서는 모바일 앱과 아두이노가 양방향으로 통신을 하는 기본 예제를 만들어 보겠습니다. 아두이노에서는 스위치 값을 앱으로 보내고, 앱에서는 문자를 아두이노 쪽으로 보내는 기능을 할 것입니다.

이제 다음의 준비물을 확인하시고 아두이노와 앱인벤터 실습을 시작하시길 바랍니다.

필요한 준비물

번호	부품 그림	부품명	개수
1		아두이노 우노, USB 케이블	각 1개씩
2		암–암 케이블	4줄 정도
3		블루투스 모듈 (HC06 or HC05	1개
4		이지 모듈 쉴드	1개

아두이노와 부품 연결하기

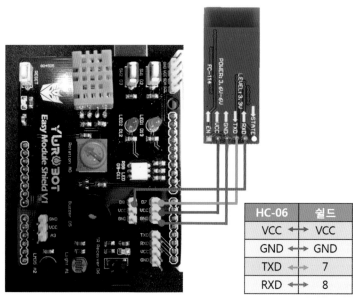

HC-06	쉴드
VCC ⟷	VCC
GND ⟷	GND
TXD ⟷	7
RXD ⟷	8

▶▶ [그림 15.5] 아두이노와 블루투스 연결하기

이지 모듈 쉴드에 그림 15.5와 같이 블루투스 모듈을 연결한 뒤 아두이노 코딩을 시작하겠습니다. 이 코드는 이지 모듈 쉴드에 있는 스위치를 눌렀을 때 앱으로 문자 데이터를 보내고 앱으로부터 전송 받은 데이터를 이용해 이지 모듈 쉴드의 LED를 제어하는 코드입니다. 다음의 코드를 아두이노에 업로드해 보겠습니다.

아두이노 코드, section15_arduino_twoWaycom

```
section15_twoWaycom §
1 #include <SoftwareSerial.h>
2
3 #define BTtx      7
4 #define BTrx      8
5 #define LED1      13
6 #define LED2      12
7 #define SW1       2
8 #define SW2       3
9
10 SoftwareSerial BT(BTtx, BTrx);
11
12 void setup() {
13     BT.begin(9600);
14     pinMode(LED1, OUTPUT);
15     pinMode(LED2, OUTPUT);
16     pinMode(SW1, INPUT);// 0 when pushed
17     pinMode(SW2, INPUT);
18 }
19
20 void loop() {
21     // Arduino to Android
22     if(digitalRead(SW1) == 0) {
23         BT.println("Hello Android");
24         delay(200);
25     }
26     if(digitalRead(SW2) == 0) {
27         BT.println("My name is Arduino");
28         delay(200);
29     }
30
31     // Android to Arduino
32     if(BT.available() > 0) {
33         byte val = BT.read();
34         if(val == '0') digitalWrite(LED1, HIGH);
35         else if(val == '1') digitalWrite(LED1, LOW);
36         else if(val == '2') digitalWrite(LED2, HIGH);
37         else if(val == '3') digitalWrite(LED2, LOW);
38         else {
39             digitalWrite(LED1, LOW);
40             digitalWrite(LED2, LOW);
41         }
42     }
43 }
```

코드 라인별 설명

- **5~8:** 이지 모듈 쉴드에 장착된 스위치와 LED를 사용하기 위해 아두이노에 연결된 핀 번호를 정의한 기호상수입니다.
- **14~17:** LED는 출력모드, 스위치는 입력모드로 설정하는 명령어입니다.
- **22~29:** 아두이노에서 앱 쪽으로 데이터를 보내는 부분입니다. 스위치를 누르면 앱으로 문자를 보내는 코드입니다. 이 문자는 나중에 앱의 Label에 표시될 것입니다.
- **32~41:** 앱에서 아두이노 쪽으로 전송된 데이터를 처리하는 부분입니다. '0'~'3' 의 값을 비교하여 이지 모듈 쉴드의 LED를 제어하게 됩니다.

section15_arduino_twoWaycom 아두이노 코드를 업로드합니다. 코드 업로드가 완료되면 아두이노 단은 모두 완성된 것입니다. 이제 앱인벤터 단으로 넘어가도록 합니다.

🔧 앱인벤터로 앱 만들기

❶ 디자인

앱인벤터 홈페이지에 접속하여 Projects ⇒ Start New Project를 클릭하고 프로젝트 이름을 영어로 정하면 앱 디자인을 할 수 있는 화면이 나옵니다. 이번에 만들 앱의 전체 모습은 그림 15.6과 같습니다.

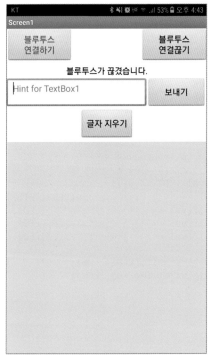

▶▶ [그림 15.6] 양방향 통신 앱

이 앱의 작동방법은 다음과 같습니다. 앱 화면에서 블루투스 연결을 한 뒤 화면 가운데의 텍스트 박스에 0~3을 입력한 후 "보내기" 버튼을 눌러 아두이노로 전송하면 이지 모듈 쉴드 위의 파란색 또는 빨간색 LED가 점멸합니다. 그리고 이지 모듈 쉴드의 스위치를 누르면 앱 화면에 "Hello Android" 또는 "My name is Arduino"가 출력될 것입니다.

이제, 앱 디자인을 다음과 같이 시작해 봅시다.

01 디자인 첫 화면에 있는 Screen1 컴포넌트의 Properties에서 AlignHorizontal을 Center로, AlignVertical을 Top으로 설정해 주세요. 이제 다음의 그림을 보고 앱 디자인을 해주세요.

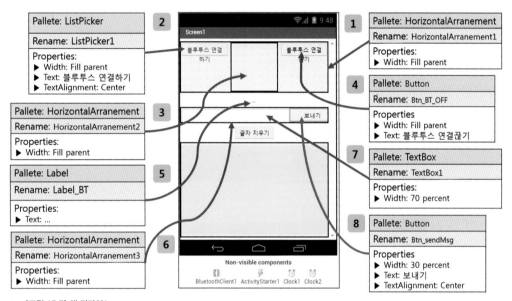

▶▶ [그림 15.7] 앱 디자인1

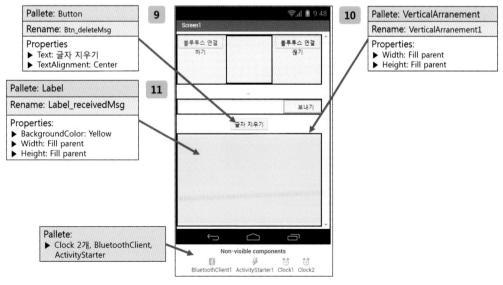

▶▶ [그림 15.8] 앱 디자인2

<u>02</u>   이제 모든 앱 디자인은 끝났고 블록 코딩만 남았습니다. 블루투스 연결 처리와 관련된 코딩을 그림 15.9
처럼 해주세요.

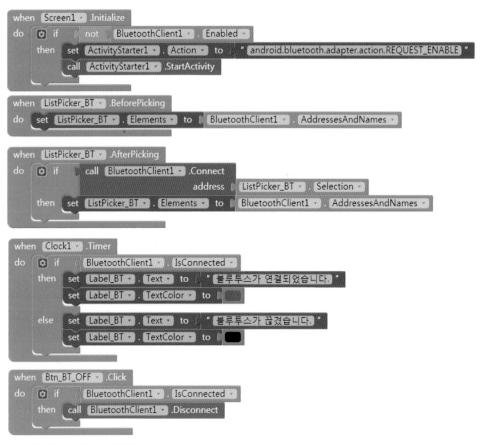

▷▷ [그림 15.9] 블루투스 연결 명령어

<u>03</u>   이 앱의 핵심 부분입니다. 먼저, 앱 화면에서 텍스트 박스에 입력한 문자를 "보내기" 버튼을 누르면 아
두이노로 전송하는 부분입니다. 문자를 전송할 때는 HideKeyboard를 실행하여 앱 화면의 하단부 키
보드를 사라지게 해주고, 텍스트 박스의 글자도 지워줍니다. 이 코드는 그림 15.10에 나와 있습니다.

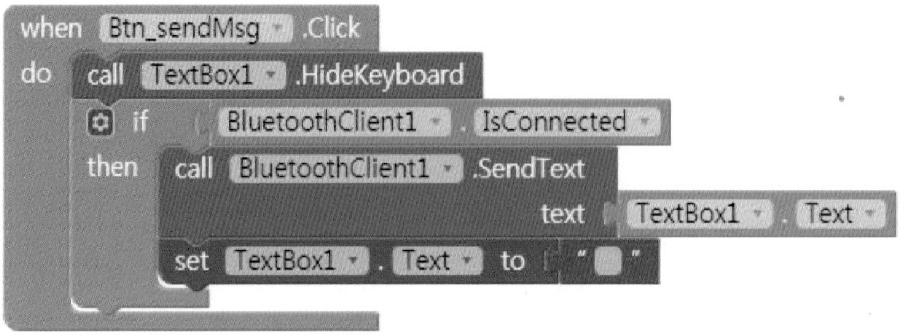

▷▷ [그림 15.10] 텍스트 박스의 문자를 블루투스 통신으로 전송하기

04 그 다음에는 두 번째 Clock을 사용하여 아두이노로부터 앱으로 전송된 문자 데이터를 처리해야 합니다. 두 번째 Clock의 TimeInterval은 500(0.5초)으로 설정해주세요. Btn_deleteMsg 버튼을 누를 시 Label 에 표시된 문자가 지워집니다. 그리고 매 0.5초마다 아두이노로부터 전송된 문자를 읽어서 Label에 누 적하여 출력해줍니다. 이 코드는 그림 15.11에 나와 있습니다.

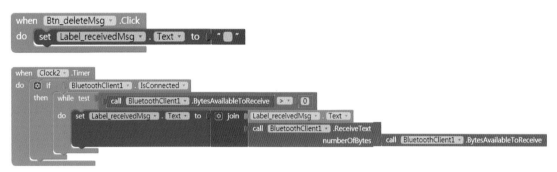

▶▶ [그림 15.11] 문자 데이터 받아서 Label에 출력하기

05 **〈아두이노와 앱 테스트하기〉**

이제 모든 앱의 디자인과 코딩이 완료되었습니다. 상단의 Build 메뉴에서 QR코드 띄우기를 하신 후 AI2 Companion으로 QR코드를 스캔하여 앱을 받으시길 바랍니다. 앱을 QR코드로 받는 일련의 과정 은 Section 6을 참고하시길 바랍니다.

06 블루투스 연결을 해주시고 화면 가운데에 있는 텍스트 박스를 한 번 터치해주세요. 그러면 그림 15.12 처럼 안드로이드 자판이 나올 겁니다. 이 텍스트 박스에 숫자(0~3)를 하나 입력해주시고 "보내기" 버 튼을 누른 뒤 이지 모듈 쉴드의 LED가 점멸하는지 확인해보세요. 0을 보내면 파란색 LED가 켜지고, 1을 보내면 파란색 LED가 꺼집니다. 2를 보내면 빨간색 LED가 켜지고, 3을 보내면 빨간색 LED가 꺼 집니다. 그 외의 숫자값을 보내면 두 개의 LED가 꺼지게끔 코딩이 되어 있습니다.

▶▶ [그림 15.12] LED 제어 실습

07 이번에는 이지 모듈 쉴드의 SW1, SW2 스위치를 각각 한 번씩 눌러서 그림 15.13처럼 노란 화면에 글자가 출력되는지 확인해보세요. 출력할 문자는 아두이노 코드에서 정했습니다.

▷▷ [그림 15.13] 문자 출력 실습

🍱 더 해보기

이지 모듈 쉴드에 있는 가변저항 센서값을 앱으로 전송하고, 앱 화면에서 가변저항 센서값에 따라 꺾은선그래프가 그려지게 해보세요.

memo

CHAPTER 04

WIFI 통신을 이용한 아두이노와 앱인벤터 프로젝트

WiFi 통신 LED 제어 앱

WiFi router

지금까지는 블루투스 무선 통신을 이용해서 작품을 만들어봤습니다. 블루투스 무선 통신을 이용한 이유는 우리가 평소에 사용하는 안드로이드 모바일 기기 속에 블루투스 장치가 들어가 있고, 아두이노에 추가적으로 블루투스 모듈(HC-06 or 05)을 달아준다면 모바일 기기와 아두이노가 서로 무선 통신이 가능하기 때문이었습니다.

이번 섹션에서는 모바일 기기 안에 있는 와이파이 기능을 이용해서 무선 통신 작품을 만들어보려고 합니다. 아두이노에는 와이파이 기능이 없으므로 아두이노와 비슷하면서도 와이파이 기능을 가진 ESP8266 12E 모듈을 아두이노 대신 사용하려고 합니다. 다음의 그림이 바로 ESP8266 12E입니다.

▷▷ [그림 16.1] ESP8266 12E

ESP8266은 저렴한 마이컨트롤러 모듈로써 기본적으로 와이파이 기능을 탑재하고 있습니다. 쉽게 생각해서 아두이노 우노에 와이파이 기능이 추가되었다고 보시면 됩니다. 하지만 ESP8266은 아두이노 우노보다 더 빠른 CPU, 더 많은 메모리 공간을 가지고 있으며, 아두이노 스케치(아두이노 IDE)로도 개발이 가능하기 때문에 기존에 아두이노 환경에 익숙한 사람들이 사용하기에도 편리하다는 장점이 있습니다. 사물 인터넷 프로젝트를 원하신다면 ESP8266 모듈을 사용하시길 권합니다. 일반 가정집에 있는 와이파이 공유기를 이용해서 그림 16.2와 같은 프로젝트를 해보실 수 있습니다.

WiFi router

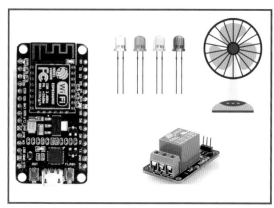

▷▷ [그림 16.2] ESP8266를 이용한 사물 인터넷 프로젝트 개념도

그럼 이제부터 ESP8266 모듈을 아두이노처럼 사용하기 위한 환경설정을 먼저 한 뒤, 간단한 ESP8266 LED 점멸 테스트를 해보겠습니다. 그 후에 앱인벤터로 앱을 만들어 와이파이 통신을 이용해 LED를 제어하는 작품을 만들어 보겠습니다. 준비물은 다음과 같습니다.

필요한 준비물

번호	부품 그림	부품명	개수
1		ESP8266 12E NodeMCU Dev Kit module	1개
2		USB A to Micro B 케이블 (보통 안드로이드 스마트폰 충전용 USB 케이블)	1개
3		전선 (male to male)	3 ~ 5줄
4		브레드보드 400홀	1개
5		LED (5mm)	2개
6		220 ohm 저항	2개

ESP8266과 부품 연결하기

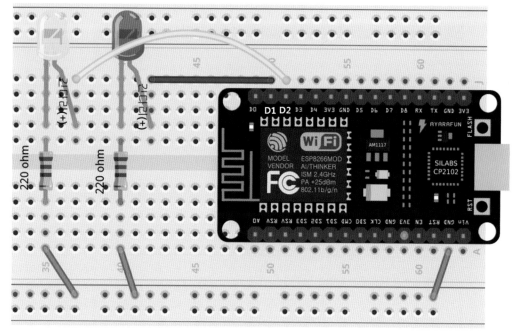

▶▶ [그림 16.9] ESP8266과 LED 연결하기

그림 16.9와 같이 ESP8266 모듈을 브레드보드에 꽂습니다. 그리고 ESP8266의 D1, D2핀에 각각 LED를 연결합니다. 그 다음에 아두이노 스케치(IDE)를 실행해주세요. 그리고 상단 메뉴 중에 "파일"을 클릭해서 열고 "환경설정"을 찾아서 클릭해주세요.

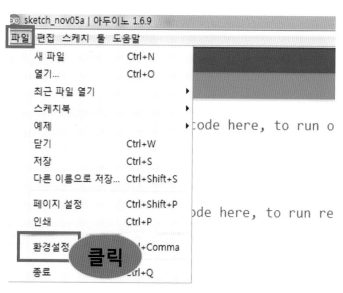

▶▶ [그림 16.10] 아두이노 스케치 환경설정 메뉴 클릭

그러면 그림 16.11과 같은 창이 뜰 겁니다. 이 창의 "추가적인 보드 매니저 URL" 부분에 "http://arduino.esp8266.com/stable/package_esp8266com_index.json"을 직접 타이핑하여 입력하시고 "확인" 버튼을 눌러주세요.

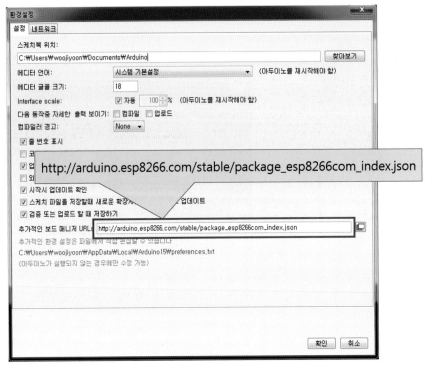

▶▶ [그림 16.11] 추가적인 보드 매니저 URL 입력하기

다음에는 상단 메뉴 중에 "툴" ⇒ "보드" ⇒ "보드 매니저"를 클릭해주세요.

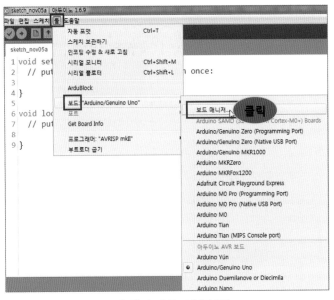

▶▶ [그림 16.12] 보드 매니저 열기

보드 매니저 창의 상단에 "esp8266"을 입력하시면 자동으로 ESP8266 보드 패키지가 검색될 겁니다. "설치"를 클릭하셔서 보드 패키지 설치를 완료해주세요.

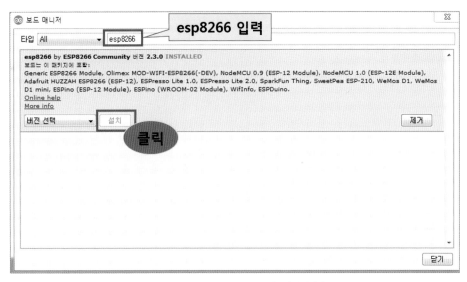

이제 USB 케이블을 이용해 ESP8266 모듈을 컴퓨터에 연결해주세요. 아두이노 스케치 상단 메뉴 중 "툴" ⇒ "보드"로 가서서 NodeMCU 1.0(ESP-12E Module)을 클릭하여 선택해주세요.

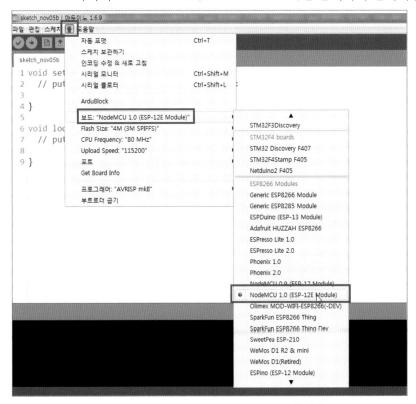

"보드" 아래에 있는 "Flash Size", "CPU Frequency", "Upload Speed"를 그림 16.15와 같이 선택해주세요. "포트"도 꼭 함께 선택해주세요.

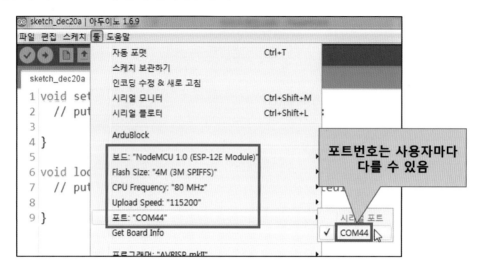

[그림 16.1] 그 외에 옵션 설정

이제 아두이노 스케치에서 ESP8266을 C/C++ 언어로 제어할 수 있는 환경 구축이 되었습니다. 간단하게 LED를 테스트해 보겠습니다. 다음 표의 ESP8266 핀 번호를 꼭 확인하시고 코딩 실습을 해보시길 바랍니다.

ESP8266 Dev Kit 모듈 핀 이름	코드에서 사용되는 번호 (GPIO)
D0	16
D1	5
D2	4
D3	0
D4	2
D5	14
D6	12
D7	13
D8	15
D9 (RX)	3
D10 (TX)	1
A0	A0
SD2	9
SD3	10

[표 16.1] ESP8266 핀 번호

ESP8266 코드, section_16_esp8266_led_test

다음의 코드를 ESP8266 보드에 업로드하면 되겠습니다.

```
esp8266_led_test§
1 #define LED_D1   5
2 #define LED_D2   4
3
4 void setup() {
5     pinMode(LED_D1, OUTPUT);
6     pinMode(LED_D2, OUTPUT);
7 }
8
9 void loop() {
10   digitalWrite(LED_D1, HIGH);
11   digitalWrite(LED_D2, LOW);
12   delay(1000);
13   digitalWrite(LED_D1, LOW);
14   digitalWrite(LED_D2, HIGH);
15   delay(1000);
16 }
```

코드 라인별 설명

- **1,2:** ESP8266 모듈의 핀 번호 정의를 위한 기호상수입니다.
- **5,6:** LED 출력 모드 설정입니다.
- **10~15:** LED 2개를 번갈아 가며 점멸 하는 코드입니다

위 section_16_esp8266_led_test 코드를 IDE 스케치 창에서 타이핑합니다. 그리고 화살표 버튼을 클릭해서 코드를 아두이노에 업로드합니다. 코드가 업로드 되었는지 확인할 때 아두이노 우노와 달리 다음의 그림처럼 나타나는지 체크해야 합니다.

```
업로드 완료.

스케치는 프로그램 저장 공간 222,241 바이트(21%)를 사용. 최대 1,044,464 바이트.
전역 변수는 동적 메모리 31,576바이트(38%)를 사용, 50,344바이트의 지역변수가 남음.  최대는 81,920 바이트.
Uploading 226384 bytes from C:\Users\WOOJIY~1\AppData\Local\Temp\buildf88f11c13d69083423b13eb6cc2b6ec7.tmp
............................................................................ [ 36% ]
............................................................................ [ 72% ]
                                                                             [ 100% ]
```

▷▷ [그림 16.16] ESP8266 업로드 완료 모습

코드 업로드 완료 후에 다음 그림과 같이 LED가 번갈아 가며 점멸하는지 확인해주세요.

▶▶ [그림 16.17] ESP8266 LED 점멸 모습

이제 ESP8266 LED 테스트가 끝나셨다면, 본격적으로 와이파이 통신을 이용한 코드와 앱을 만들어 보겠습니다.

앱인벤터로 앱 만들기

❶ 디자인

앱인벤터 홈페이지에 접속하여 Projects ⇒ Start New Project를 클릭하고 프로젝트 이름을 영어로 정하면 앱 디자인을 할 수 있는 화면이 나옵니다. 이번에 만들 앱의 전체 모습은 그림 16.18과 같습니다.

▶▶ [그림 16.18] 와이파이 LED IoT 앱 디자인

위 앱의 작동방법은 다음과 같습니다. 앱 화면의 텍스트 박스에 ESP8266의 접속 ip를 입력하고 "IP저장" 버튼을 누르면 LED1 ON, LED1 OFF, LED2 ON, LED2 OFF 버튼으로 LED를 제어할 수 있습니다.

이제, 앱 디자인을 다음과 같이 시작해봅시다.

01

디자인 첫 화면에 있는 Screen1 컴포넌트의 Properties중 AlignHorizontal을 Center로 설정하고, Scrollable 을 체크해 주는 것으로 설정해주세요. Scrollable은 앱 디자인 화면에 요소들이 너무 많아서 복잡해질 때 위·아래 방향으로 스크롤을 만들어주는 기능입니다.

다음의 앱 디자인 요약을 보고 계속 화면 디자인을 완성해 가시길 바랍니다.

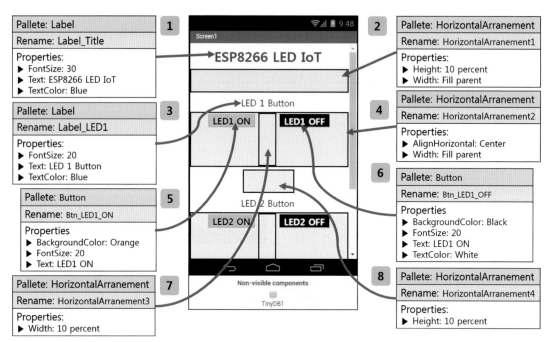

[그림 16.19] 앱 디자인1

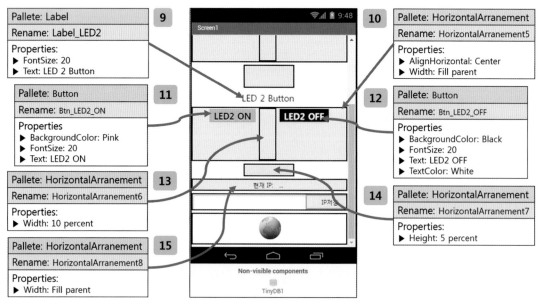

[그림 16.20] 앱 디자인2

02 화면 아래 여러 가지 Label에는 손으로 컬러 이미지를 터치한 위치 값(X,Y)과 RGB의 색깔 값(0~255)을 보여주려고 합니다.

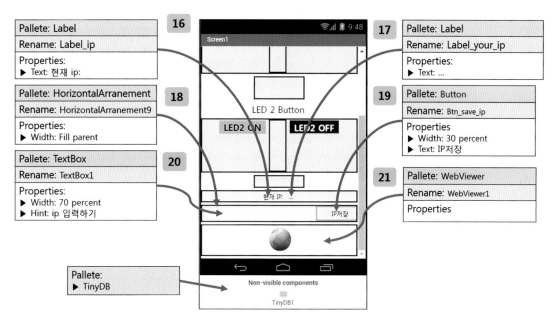

>> [그림 16.21][앱 디자인3

03 WebViewer는 앱에서 ESP8266으로 명령을 주기 위해 필요하고, TinyDB는 입력한 ip주소를 계속 유지하기 위해 필요합니다.

04 이제 모든 앱 디자인이 끝나고 블록 코딩만 남았습니다.
앱이 처음 시작될 때는 WebViewer를 보이지 않게 false로 해주고, ip를 보여줄 Label에는 이전에 기록된 ip를 TinyDB에서 가져와 출력하게끔 코딩합니다. TinyDB에 ip를 저장하거나 읽어올 때 Tag는 "ESP8266_IP"로 하겠습니다.

```
when  Screen1 ▾ .Initialize
do    set  WebViewer1 ▾ . Visible ▾  to    false ▾
      set  Label_your_ip ▾ . Text ▾  to    call  TinyDB1 ▾ .GetValue
                                                              tag   " ESP8266_IP "
                                                  valueIfTagNotThere  " "
```

>> [그림 16.22] 앱 시작 화면 코딩

05 텍스트 박스에 ip를 입력하고, "IP저장" 버튼을 통해 ip를 TinyDB에 저장시킵니다. http 프로토콜을 사용하는 것이므로 ip를 TinyDB에 저장시킬 때는 "http://"를 ip 앞에 붙이고 저장해야 합니다(join 기능 사용).

▶▶ [그림 16.23] ip 저장 코딩

06 LED1 ON 버튼을 누르면 TinyDB에서 저장된 ip 주소를 가져와 "/ON1"을 붙입니다. 그러면 최종적으로 "http://ip주소/ON1" 문자열이 완성됩니다. WebViewer를 이용해 이 문자열 주소로 접속하여 명령을 보내는(ESP8266으로 명령을 보내는) 기능을 그림 16.24와 같이 코딩합니다. LED1 OFF 버튼을 누를 때는 "/OFF1"을 문자열 마지막에 붙여주면 됩니다.

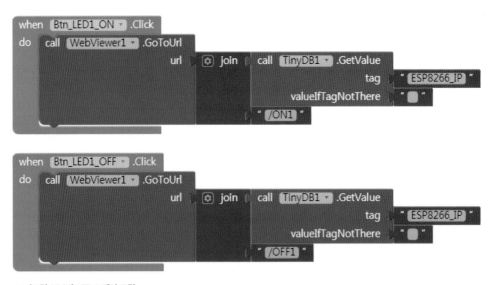

▶▶ [그림 16.24] LED 1 제어 코딩

07 LED2 ON, LED2 OFF 버튼도 마찬가지로 그림 16.25와 같이 만들어줍니다.

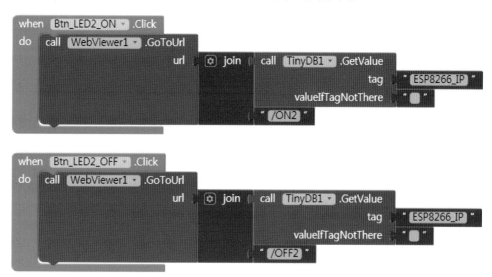

▷▷ [그림 16.25] LED2 제어 코딩

08 이렇게 HTTP 프로토콜에 맞춰 문자열을 만들어 주고, 나중에 ESP8266에 이 문자열을 전송하게 되면 ESP8266에서 "/ON1", "/OFF2" 이런 문자열 부분을 체크하여 이벤트 함수가 발생될 것입니다. 그러면 특정 이벤트가 발생할 때 LED를 점멸하는 코드를 쉽게 실행시킬 수가 있습니다.

09 이제 모든 앱의 디자인과 코딩이 완료되었습니다. 상단의 Build 메뉴에서 QR코드 띄우기를 하신 후 AI2 Companion으로 QR코드를 스캔하여 앱을 받으시길 바랍니다. 앱을 QR코드로 받는 일련의 과정은 Section 6을 참고하시길 바랍니다.

10 이제 ESP8266에 업로드할 코드를 작성해 봅시다. 이번 코드의 수가 많기 때문에 저자의 블로그(http://blog.naver.com/wootekken)에서 코드 및 라이브러리를 다운로드 받으셔도 됩니다.

ESP8266 코드, section_16_esp8266_LED_IoT

```
section16_esp8266_LED_IoT§
1 #include <ESP8266WiFi.h>
2 #include <WiFiClient.h>
3 #include <ESP8266WebServer.h>
4 #include <ESP8266mDNS.h>
5
6 #define LED1    5
7 #define LED2    4
8
9 MDNSResponder mdns;
10 const char* ssid = "와이파이 이름";
11 const char* password = "와이파이 비밀번호";
12 ESP8266WebServer server(80);
13 String webPage = "";
14
15 void setup(void){
16   pinMode(LED1, OUTPUT);
17   digitalWrite(LED1, LOW);
18   pinMode(LED2, OUTPUT);
19   digitalWrite(LED2, LOW);
20
21   // web browser
22   webPage += "<h1>ESP8266 Web Server</h1><p>LED #1 <a href=\"ON1\">";
23   webPage += "<button>ON</button></a> <a href=\"OFF1\">";
24   webPage += "<button>OFF</button></a></p>";
25   webPage += "<p>LED #2 <a href=\"ON2\"><button>ON</button></a>";
26   webPage += " <a href=\"OFF2\"><button>OFF</button></a></p>";
27
28   delay(1000);
29   Serial.begin(115200);
30   WiFi.begin(ssid, password);
31   Serial.println("");
32
33   while (WiFi.status() != WL_CONNECTED) {
34     delay(500);
35     Serial.print(".");
36   }
37   Serial.println("");
38   Serial.print("Connected to ");
39   Serial.println(ssid);
```

```
40    Serial.print("IP address: ");
41    Serial.println(WiFi.localIP());
42    if (mdns.begin("esp8266", WiFi.localIP())) {
43      Serial.println("MDNS responder started");
44    }
45    server.on("/", [](){
46      server.send(200, "text/html", webPage);
47    });
48    server.on("/ON1", [](){ // Turns the LED1 ON
49      server.send(200, "text/html", webPage);
50      digitalWrite(LED1, HIGH);
51      delay(1000);
52    });
53    server.on("/OFF1", [](){ // Turns the LED1 OFF
54      server.send(200, "text/html", webPage);
55      digitalWrite(LED1, LOW);
56      delay(1000);
57    });
58    server.on("/ON2", [](){ // Turns the LED2 ON
59      server.send(200, "text/html", webPage);
60      digitalWrite(LED2, HIGH);
61      delay(1000);
62    });
63    server.on("/OFF2", [](){ // Turns the LED2 OFF
64      server.send(200, "text/html", webPage);
65      digitalWrite(LED2, LOW);
66      delay(1000);
67    });
68    server.begin();
69    Serial.println("HTTP server started");
70 }
71
72 void loop(void){
73    server.handleClient();
74 }
```

코드 라인별 설명

- **1~4:** ESP8266을 와이파이 통신에 접속시키고, 웹 서버나 클라이언트 관련 명령어, mDNS 관련 기능을 사용하기 위한 라이브러리입니다.

- **6,7:** LED가 연결된 ESP8266의 핀 번호를 정의한 기호상수입니다.

- **9:** mDNS를 사용하기 위한 객체입니다.mDNS(Multicast Domain Name System)는 로컬 네트워크 영역에서 설정 없이 호스트 이름을 찾기 위해서 사용하는 서비스로서 소형 네트워크 환경에서 별도의 네임서버를 사용하지 않고 호스트를 찾을 수 있습니다. 우리가 할 실습에서는 웹 브라우저에서 ip 주소 대신에 "esp8266"이라는 이름으로 접속할 수 있게 했습니다.

- **10,11:** ESP8266을 접속시킬 와이파이 공유기의 이름과 비밀번호를 따옴표 안에 입력하면 됩니다(글자를 틀리면 안 됩니다).
- **12:** ESP8266을 웹 서버로서 사용할 때, 서버로 바로 이어질 수 있는 포트로 80포트를 사용하는 부분입니다. 80포트는 HTTP의 기본 포트로서 ESP8266 서버에 접속을 시도할 때 포트 숫자를 적지 않아도 됩니다.
- **16~19:** LED를 출력 모드로 하고 전부 끄는 코드입니다.
- **22~26:** 웹 브라우저에서 보여줄 글자와 버튼을 html 코드로 작성한 부분입니다. 나중에 ESP8266 서버에 웹 브라우저로 접속할 경우 나타날 글과 버튼을 확인해보세요.
- **30:** 작성한 와이파이 이름과 비밀번호를 이용해 와이파이 접속을 시도하는 부분입니다.
- **33~36:** ESP8266이 와이파이에 성공적으로 접속할 때까지 계속 반복하면서 점(".")을 찍는 부분입니다.
- **37~41:** ESP8266이 와이파이에 성공적으로 접속한 뒤, 접속한 와이파이 이름과 할당 받은 ip 주소를 출력하는 부분입니다. 이 ESP8266의 접속 ip를 알게 되면, 같은 와이파이 통신망 안에서 서로 간 데이터 통신이 가능합니다. 단, 외부망에서는 직접적으로 ESP8266의 ip로 접속할 수 없습니다. 왜냐하면 이 ip는 로컬 ip이기 때문입니다(외부망에서 로컬 ip에 접속하려면 포트 포워딩(port forwarding)에 대해서 검색해보세요).
- **45:** ESP8266이 HTTP 요청을 "/" 경로와 함께 받는 경우, webPage 변수로 응답하는 부분입니다. 여기에서 200은 "OK"를 의미하고, "text/html"은 html 타입으로 정의하겠다는 부분입니다. sever.on은 "/" 경로를 가진 HTTP 요청이 있을 때 "OK"(200) 대답을 하고, html 타입으로 정의하여 webPage 변수에 저장된 html 코드로 대답하게 됩니다.
- **48:** 이 경우에는 경로 "/ON1"를 가진 HTTP 요청을 받았을 때, webPage 변수로 응답을 한 뒤 digitalWrite함수로 LED를 켜는 부분입니다.
- **53,58,63:** 위의 48번째 줄의 설명과 같고, LED를 목적에 맞게 점멸하는 부분만 다릅니다.
- **68:** ESP8266 서버를 시작시키는 부분입니다.
- **73:** HTTP 요청으로 들어오는 실제 데이터를 처리하기 위한 명령어입니다.

11 〈아두이노와 앱 테스트하기〉

ESP8266에 코드를 업로드한 뒤, 시리얼 모니터 창을 띄우면 그림 16.26과 같이 ESP8266의 ip주소를 확인할 수 있습니다. 이 주소를 잘 기억해 두세요. 그리고 시리얼 모니터창 오른쪽 아래에 보드레이트 가 115200으로 설정되어 있어야 합니다.

▷▷ [그림 16.26] ESP8266 ip주소 확인하기

12 앱을 실행하세요. 이 ip 주소를 앱 화면의 텍스트 박스에 입력하고 "IP저장"을 누르세요. 이제 앱이 ESP8266에게 HTTP 명령을 보낼 수 있는 상태가 되었습니다.

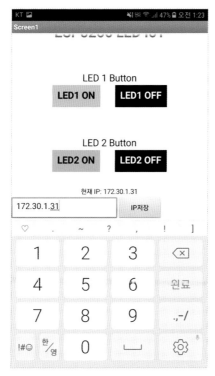

▷▷ [그림 16.27] 텍스트 박스에 ip 입력하기

13 이제 LED ON, OFF 버튼을 하나씩 눌러보면서 ESP8266에 연결된 LED가 점멸하는지 확인해보세요.

▷▷ [그림 16.28] 와이파이 통신 앱으로 LED 제어하기

14 마지막으로, ESP8266에 접속하면 나타나는 웹 화면을 보도록 하겠습니다. 웹 브라우저 주소창에서 "http://ip주소" 또는 "http://esp8266.local"을 입력한 후 엔터키를 치면 그림 16.29와 같은 화면이 나타날 것입니다. ip주소 대신에 esp8266이라는 이름으로 접속이 가능한 이유는 mDNS를 사용했기 때문입니다. 보이는 글자와 버튼은 webPage 변수에 저장된 html코드가 실행된 결과입니다. ON, OFF 버튼을 마우스로 클릭해서 LED가 잘 점멸되는지도 확인해보세요.

▷▷ [그림 16.29] 웹 브라우저에서 LED 제어하기

🖨 더 해보기

이번 섹션에서 배운 ESP8266 웹 서버 예제를 이용해 LED외에 다른 장치를 제어해보세요. 예를 들면 서보모터 회전시키기, LCD에 글자 출력하기 등이 있습니다.

블루투스 · 와이파이 통신을 이용한
앱인벤터 + 아두이노 스마트폰 앱 프로젝트

1판 1쇄 인쇄 2018년 1월 15일   **1판 1쇄 발행** 2018년 1월 20일
1판 4쇄 인쇄 2021년 4월 10일   **1판 4쇄 발행** 2021년 4월 15일

―

지 은 이 우지윤
발 행 인 이미옥
발 행 처 디지털북스
정   가 18,000원
등 록 일 1999년 9월 3일
등록번호 220-90-18139
주   소 (03979) 서울 마포구 성미산로 23길 72 (연남동)
전화번호 (02) 447-3157~8
팩스번호 (02) 447-3159

―

ISBN 978-89-6088-220-1 (93560)
D-18-02
Copyright ⓒ 2021 Digital Books Publishing Co,. Ltd

DIGITAL BOOKS
디지털북스